A. H

LE RADIUM

Les Nouvelles Radiations

LIBRAIRIE UNIVERS

PARIS

LE RADIUM

A. BERGET

Docteur ès sciences, Lauréat de l'Institut,
Attaché au Laboratoire de recherches physiques de la Sorbonne.
Chargé des conférences de Géophysique à la Sorbonne.
Professeur à l'Institut Océanographique.

LE RADIUM

QUARANTE-TROISIÈME MILLE

Nouvelle édition, revue et complétée.

LIBRAIRIE UNIVERSELLE

33, RUE DE PROVENCE, 33

1907

PRÉFACE DE LA NOUVELLE ÉDITION

Le succès de ce petit livre, dont trente-six mille exemplaires viennent, en peu de temps, d'être enlevés, montre d'une façon éclatante l'intérêt que prend le public aux grandes découvertes de la science moderne. Il devient nécessaire, pour la troisième fois, de recomposer ces quelques pages.

Tout en maintenant le caractère primitif de cet ouvrage, j'ai cependant, en beaucoup de points de détail, modifié le texte de cette édition; quelques figures qu'on y a ajoutées, toutes les autres qu'on a regravées en rendront, je l'espère, la lecture plus claire et plus attrayante.

Je souhaite que, sous cette nouvelle forme, le « Radium » reçoive de mes lecteurs l'accueil qu'en ont reçu ses précédentes éditions ; et dans cet accueil je ne verrai qu'un hommage rendu par les lecteurs à la mémoire de Pierre Curie, qu'une mort brutale a si prématurément enlevé à la science.

A. BERGET.

27 août 1907.

(Cliché Pierre Petit.)

M. Henri Becquerel

(Cliché Eugène Pirou.)

M. Curie

Mme CURIE

Pierre CURIE

Le savant physicien français dont le nom est, désormais, indissolublement lié à l'histoire du Radium, est né en 1859. Il fut, au début de sa carrière, préparateur du cours de Minéralogie que faisait, à la Sorbonne, le professeur Friedel. Il se fit remarquer, dès ce moment, par de brillants travaux sur les relations entre les formes cristallines et l'électricité. Il découvrit ce phénomène nouveau que si l'on comprime un cristal de quartz dans une certaine direction, ce cristal s'électrise, et, réciproquement, si l'on électrise un quartz, il se déforme mécaniquement comme s'il était comprimé. Il basa sur cette propriété la construction d'un électromètre des plus sensibles. Il perfectionna les instruments de mesures électriques, réalisa une balance de précision d'une grande ingéniosité, et fit, sur le magnétisme, des travaux qui le placèrent au premier rang des physiciens ; il était professeur à l'École de Physique et de Chimie de la ville de Paris, où il continuait ses recherches en collaboration avec sa femme, Mme Sklodowska-Curie, elle aussi une physicienne distinguée, quand il découvrit, en 1899, le Radium dans les résidus de la pechblende de Joachimsthal.

Le prix Nobel, qui fut partagé entre lui et Henri Becquerel, par l'Académie de Stockholm, attira l'attention sur ce savant que son seul mérite, voilé par une excessive modestie, n'avait pas réussi à faire briller. Une chaire fut créée à la Sorbonne et Curie l'avait à peine inaugurée qu'un camion, en le renversant dans la rue Dauphine, écrasa sous sa roue le cerveau puissant de l'illustre physicien que l'Académie des sciences venait d'appeler à siéger parmi ses membres.

Mme Curie a été nommée à la place de son mari, et c'est elle qui, aujourd'hui, fait, en Sorbonne, le cours de Physique traitant de la radio-activité !

(Cliché Eugène Pirou.)

M. CURIE

LE RADIUM

ET LES NOUVEAUX RAYONS.

INTRODUCTION

Au mois d'octobre de l'année 1492, un audacieux Génois, Christophe Colomb, parti d'Espagne avec trois petits navires, découvrait un monde nouveau. Cette découverte révolutionna complètement les connaissances humaines de cette époque : alors que l'on croyait que l'Europe, l'Asie, l'Afrique constituaient à elles seules l'ensemble de la Terre, voici que, de l'autre côté de l'Atlantique, un continent nouveau apparaissait, séparé de l'Asie par un autre Océan immense, continent où tout était inattendu, tout était à explorer, continent renfermant des richesses inouïes, de l'or, de l'argent, des pierres précieuses.

1

La découverte de l'Amérique fut ainsi l'un des facteurs les plus puissants dans l'évolution de l'humanité entière, dans le développement de son activité générale. Elle orienta les énergies et les volontés dans une voie nouvelle, et, par un réflexe inévitable, des nouvelles civilisations que l'émigration incessante fonda dans le monde nouveau sortirent des idées neuves qui, à leur tour, conquièrent aujourd'hui le monde ancien dont elles modifient l'industrie, les mœurs et les tendances.

En 1896, un fait au moins aussi important, une découverte au moins aussi capitale, vient de se produire dans le domaine des sciences physiques, domaine pourtant si exploré : c'est la découverte d'une nouvelle propriété de la matière, la *radio-activité*, due à l'un de nos plus illustres physiciens, Henri Becquerel, membre de l'Institut, professeur de physique à l'Ecole polytechnique.

Cette découverte est pour la physique aussi importante que le fut celle de l'Amérique pour la géographie : elle ouvre aux recherches des savants un monde nouveau et insoupçonné. Elle montre qu'il existe dans l'univers des forces et des transformations de force que nous ignorions, d'où nous pouvons induire qu'il y en a, sans doute, d'autres encore que nous ne soupçonnons pas; elle semble en contradiction avec les lois actuellement admises dans la physique générale, ce qui nous oblige à revoir ces lois et à les modifier; elle a, enfin, par le phénomène encore inexplicable de l'*émanation*, amené les physiciens à rechercher si un nouvel état de la matière ne s'était pas ainsi manifesté. Elle consiste essentiellement en ce fait que certains corps peuvent émettre, pendant un temps presque indéfini, de la chaleur, de la lumière, de l'électricité, sans en recevoir du dehors, sans perdre de leur poids, sans que leur pouvoir rayonnant semble s'affaiblir. C'est l'inverse du tonneau des Danaïdes, c'est quelque chose d'aussi extraordinaire qu'un vase qui resterait toujours plein, bien que l'on consomme sans s'arrêter le liquide qu'il renferme.

On le voit, c'est bien un monde nouveau à explorer, monde dont le Christophe Colomb est incontestablement notre compatriote Henri Becquerel.

Et, pour que la comparaison avec l'illustre navigateur se continue, de même qu'à la suite de Colomb s'élancèrent d'audacieux *conquista-dores*, les Pizarre, les Cortez, les Vespuce, qui explorèrent le nouveau continent et en découvrirent les richissimes parties, de même, à la suite de Becquerel, de savants et laborieux chercheurs partirent sur la route qu'il avait tracée et y firent des découvertes dont l'importance n'échappe à personne ; au premier rang de ces découvertes se place celle d'un corps nouveau, corps qui résume au plus haut degré la radio-activité de la matière, c'est le *radium*, « cherché » et trouvé par M. et Mme Curie, deux savants français dont le nom est aujourd'hui justement populaire.

Le radium résume, en les exaltant, toutes les propriétés nouvelles de la matière découvertes par Becquerel ; il a permis d'en trouver d'autres encore, il autorise des espérances sans fin ; aussi allons-nous essayer de retracer ici son histoire.

Ce petit livre a été écrit pour exposer, aussi clairement que possible, ce que l'on a fait pour arriver à cette découverte, ce que l'on en sait actuellement, ce qu'on peut en espérer pour l'avenir.

Je me suis abstenu de tout développement littéraire, de toute phrase pompeuse : la grandeur du sujet suffit sans qu'il soit besoin d'ornements superflus ; le tableau est plus beau que tous les cadres dont on essaierait de l'entourer. J'ai, de même, évité les réflexions plaisantes dont on a la fâcheuse habitude d'agrémenter les livres de vulgarisation scientifique : une découverte de l'importance de celle qui nous occupe tourne l'esprit vers des idées sérieuses et non vers des badinages inutiles.

J'ai essayé surtout d'être clair : c'est de cette manière que j'espère, en étant compris par tous, avoir rendu un faible hommage au génie des savants qui viennent d'ajouter un étincelant fleuron à la couronne de gloire de notre pays.

ALPHONSE BERGET.

CHAPITRE PREMIER

QUELQUES NOTIONS PRÉLIMINAIRES

PHOSPHORESCENCE. — FLUORESCENCE. — RAYONS CATHODIQUES. — RAYONS X

On a beaucoup écrit, tous ces temps derniers, sur le radium ; on parle de ses propriétés, des phénomènes qu'il provoque, des manifestations physiques qui l'accompagnent ; mais on oublie que ces choses diverses ne sont peut-être pas familières à tous.

Aussi ai-je pensé qu'il y aurait lieu de rappeler les notions indispensables à la claire intelligence des nouvelles découvertes : ces notions aideront, par la suite, le lecteur à mieux comprendre les travaux ultérieurs sur le radium, travaux dont parleront les journaux à mesure qu'ils apparaîtront. Si ce premier chapitre peut sembler aride, je le crois cependant nécessaire, comme est nécessaire la fatigue de l'ascension d'une tour à ceux qui veulent jouir de la vue admirable que l'on a de son sommet.

Nous ne remonterons pas jusqu'aux définitions de la chaleur, de la lumière, de l'électricité : aujourd'hui les physiciens, se basant sur de puissantes raisons, admettent que ces deux derniers agents se propagent par le même mécanisme, avec la même vitesse.

Mais, dans les articles de journaux et de revues qui parlent du radium, il y a certains termes qui reviennent souvent : ce sont ceux de *fluorescence*, de *phosphorescence*, de *rayons cathodiques*, etc. Je vais, avant toutes choses, en donner la définition.

PHOSPHORESCENCE

Tout le monde a remarqué la lueur que répandent, dans l'obscurité, les extrémités des allumettes chimiques ; cette lueur est due à l'oxydation du phosphore qui les termine. C'est pour cela que l'on appelle *phosphorescents* tous les corps qui sont susceptibles d'émettre des lueurs visibles dans un milieu obscur. Mais, si l'effet est le même, la cause n'est pas toujours identique.

Certains corps ne peuvent être lumineux dans l'obscurité que s'ils ont, au préalable, subi pendant longtemps l'action de la lumière : c'est la *phosphorescence* ordinaire, telle que celle du sulfure de calcium. C'est avec les corps ainsi phosphorescents que l'on fait des réveille-matin dont le cadran est lumineux pendant la nuit : ils ne font que restituer ainsi, à l'aide de leur phosphorescence, la lumière qu'ils ont reçue pendant les heures du jour.

La durée de la phosphorescence est variable suivant les diverses substances. Certaines d'entre elles restent lumineuses pendant deux jours ; le diamant, après quelques minutes d'exposition au soleil, reste phosphorescent pendant plusieurs heures ; la fluorine pendant vingt secondes, le spath pendant un quart de seconde seulement. Par des procédés de mesure très délicats, les physiciens sont arrivés à déterminer des phosphorescences plus fugitives encore. Il est à remarquer que c'est à Edmond Becquerel, le père de celui qui a découvert la radio-activité, que sont dues presque toutes nos connaissances actuelles sur la phosphorescence et les particularités qu'elle présente.

Il ne faut pas, non plus, confondre la phosphorescence ordinaire avec les lueurs qu'émettent certains animaux, surtout ceux qui vivent dans le fond des mers, à des profondeurs supérieures à 400 mètres, et dans lesquelles les rayons solaires ne pénètrent plus. Cette *luminescence* animale, étudiée par le savant professeur Joubin, de l'Institut océanographique, a une tout autre origine, et c'est bien à tort que les animaux qui en sont pourvus sont appelés animaux phosphorescents.

COULEURS SIMPLES. — RAYONS ULTRA-VIOLETS

La lumière ordinaire est composée d'une infinité de couleurs simples, dont les plus caractéristiques sont indiquées dans le célèbre alexandrin :

Violet, indigo, bleu, vert, jaune, orangé, rouge.

C'est l'ordre dans lequel se placent les couleurs du spectre solaire, résultant de la décomposition de la lumière du soleil par un prisme.

Ces couleurs sont celles qui sont *visibles,* que notre œil perçoit. En deçà du rouge et au delà du violet, couleurs limites de la visibilité, sont d'autres rayons, les rayons *infra-rouges,* accusés par des thermomètres très sensibles, et les rayons *ultra-violets,* que révèle la plaque photographique, qui se laisse impressionner par eux, alors que l'œil ne les voit pas.

On a montré que ce sont presque exclusivement les rayons violets et *ultra-violets* qui développent la phosphorescence.

FLUORESCENCE

Tout autre est la *fluorescence*. C'est une luminosité spéciale que prennent certains corps, comme le verre d'urane, les solutions de sulfate de quinine, etc., quand ils sont frappés par les rayons violets ou ultra-violets du spectre solaire. Mais, à l'inverse des corps phosphorescents qui continuent à être lumineux, même quand ont cessé de les frapper les rayons qui les excitent, les corps fluorescents s'éteignent dès que cessent d'agir sur eux les rayons excitateurs. La différence essentielle entre la fluorescence et la phosphorescence, c'est donc la durée. La fluorescence n'a lieu que pendant l'action même des rayons lumineux et s'éteint avec eux, tandis que la phosphorescence persiste après l'extinction des rayons qui l'ont provoquée, survit, si j'ose dire, à la cause qui la développe.

Or ces phénomènes de phosphorescence longue ou brève ne sont pas seulement provoqués par des rayons lumineux solaires : nous allons voir qu'ils peuvent être provoqués par l'action de rayons spéciaux, d'origine électrique; ce sont les *rayons cathodiques* et les *rayons Rœntgen*, plus connus sous le nom de *rayons X*.

Nous allons rappeler brièvement dans quelles conditions et sous quelles influences ces divers rayons peuvent prendre naissance.

RAYONS CATHODIQUES

Considérons un vase de verre V, hermétiquement fermé, et dans lequel on a fait le vide aussi minutieusement que possible, en enlevant l'air intérieur à l'aide d'une pompe aspirante parfaite. Le récipient est traversé, en deux de ses points, par deux tiges de platine *a* et *b* soudées dans l'épaisseur même du verre et terminées par deux plaques de même métal, A et C. Un appareil ainsi construit s'appelle un *tube de Crookes*, du nom de l'illustre physicien qui l'a imaginé et construit. Aucun appareil, peut-être, n'a été aussi fécond en découvertes de premier ordre que le tube à vide du savant professeur anglais.

Relions les tiges de platine *a* et *b* aux deux pôles d'un appareil producteur d'électricité à très haute *tension* : 40 à 50.000 volts [1], de façon que le courant passe dans le sens des flèches marquées sur la figure.

Si le vide n'est pas parfait, une lueur rouge violacé part de la plaque A, qui s'appelle l'*anode* et vient, en s'affaiblissant graduellement, jusqu'à la plaque C, appelée *cathode*. C'est l'apparence observable dans les tubes de verre que l'on contourne en spirales pour leur donner des formes diverses, même celles des

---

1. Le *volt* est l'unité qui sert à mesurer la tension électrique. Pour donner une idée d'une tension de 40.000 volts, qu'il nous suffise de rappeler que les lampes électriques d'appartement, lampes à *incandescence*, logées dans des ampoules de verre, ne demandent qu'une tension de *cent dix* volts.

lettres de l'alphabet, et que l'on a fait traverser par des décharges électriques.

Mais si, au contraire, le vide est absolument parfait et qu'il ne reste plus dans le vase V que des traces infinitésimales du gaz qui le remplissait tout d'abord, alors tout change. La lumière rouge violacé qui partait de *l'anode*, A s'efface jusqu'à disparaître, tan-

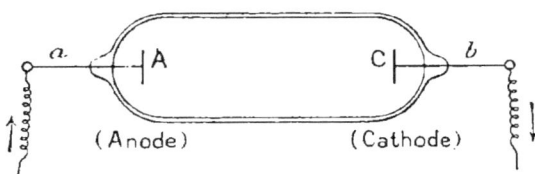

Fig. 1.

dis qu'autour de la *cathode* C, se dégagent des rayons, invisibles par eux-mêmes, et qui ne deviennent visibles que moyennant certaines précautions : ce sont les *rayons cathodiques*, dont nous allons voir les curieuses propriétés.

PROPRIÉTÉS DES RAYONS CATHODIQUES

Ces rayons ne sont pas visibles par eux-mêmes, mais il est facile de manifester leur présence, car *ils illuminent les corps phosphorescents*. Il suffit donc de placer un corps phosphorescent au voisinage de la cathode C, pour voir ce corps devenir lumineux dans l'obscurité.

En particulier, le verre lui-même, dont est formé le vase V, prend sous l'action des rayons cathodiques une lueur à reflets verdâtres, lueur caractéristique de la présence de ces rayons. Parmi les substances que les rayons cathodiques peuvent faire luire dans l'obscurité, citons le verre, le cristal, le sulfure de zinc, le sulfure de calcium, la craie, la fluorine. Le diamant s'illumine vivement sous leur action et prend une phosphorescence jaune verdâtre, le rubis émet des lueurs rouges, la craie brille d'un éclat orangé, l'émeraude jette des reflets cramoisis. On voit par là que la couleur du corps, vu à la lumière du jour, n'a pas de rapport avec la nuance de sa phosphorescence.

Les rayons cathodiques se propagent en ligne droite : on le reconnaît en leur faisant effleurer des cartons couverts de corps phosphorescents, qui s'illuminent à leur passage ; *ils sont arrêtés par les obstacles solides ;* leur vitesse est de 40.000 *kilomètres par seconde.* C'est, environ, mille fois la vitesse des planètes les plus voisines du soleil.

Les rayons cathodiques échauffent les corps qu'ils rencontrent, et cela, quand leur action se prolonge au point d'en amener l'incandescence et même la fusion.

Les rayons cathodiques sont chargés d'électricité négative ; un aimant agit sur eux et les dévie de leur direction première. Ils oxydent l'air atmosphérique et le transforment en ozone. Ils traversent une faible épaisseur d'aluminium. Enfin, *ce sont les rayons cathodiques qui donnent naissance aux rayons* X.

RAYONS ROENTGEN OU RAYONS X

Tout le monde a vu ces curieuses expériences

qu'on a répétées partout, même dans les music-halls et dans les foires, expériences dans lesquelles, en se plaçant dans l'obscurité, on pouvait voir, sur un carton phosphorescent, l'image complète du squelette de sa main. Les rayons qui permettent la réalisation de cette expérience ont été découverts en 1895 par le physicien allemand Rœntgen et s'appellent les rayons X.

Pour produire des rayons X, on prend un *tube de Crookes*, on relie les fils de platine de ses deux électrodes à une source d'électricité donnant une tension électrique de 40 à 50.000 volts. Il se produit, à la cathode C (fig. 1) des rayons cathodiques.

Quand ces rayons rencontrent un obstacle, ils l'échauffent, le rendent phosphorescent, mais ils lui communiquent de plus la propriété inattendue d'émettre des rayons nouveaux, qui se propagent dans l'air et qui sont précisément les rayons X.

Les rayons X sont donc les enfants des rayons cathodiques : ils en dérivent directement.

PROPRIÉTÉS DES RAYONS X

Ces rayons X se propagent en ligne droite. Ils ne se réfléchissent pas sur les miroirs, ils ne sont pas déviés par les prismes ou par les lentilles : ils traversent tous les corps qu'ils rencontrent, et cela plus ou moins facilement suivant la nature et l'épaisseur des obstacles qu'on leur offre.

Ainsi ils traversent avec la plus grande facilité tous les tissus du corps humain, la chair, la peau, toutes les matières organiques, mais ils ont beaucoup plus de peine à passer à travers les corps de nature minérale, comme les pierres, les sels métalliques, ou les os de notre squelette qui contiennent des sels minéraux. Ils passent plus difficilement encore à travers les métaux.

De plus, ils excitent la phosphorescence et ils impressionnent les plaques photographiques.

De là résultent leurs applications médicales... et autres.

On fait fonctionner un tube de Crookes à quelque distance d'un carton recouvert d'une matière fluorescente et l'on met la main à plat entre le carton et le tube.

Les rayons X rendent lumineux les points du carton qu'ils atteignent librement. La partie située sous la main n'est éclairée que par les rayons qui ont traversé les chairs et les os; la main paraîtra donc moins lumineuse que le fond du carton ; de plus, dans la main elle-même, les os, matière minérale formée de carbonate et de phosphate de chaux, sont traversés plus difficilement encore que les chairs : l'ombre des os sera plus sombre, par suite, que celle du reste de la main ; ils se détacheront donc en noir, et l'on pourra voir s'ils sont sains ou brisés et, dans ce cas, reconnaître exactement la position et la forme de la fracture. Si, enfin, un projectile est resté dans le membre examiné, sa masse métallique, imperméable aux rayons X, se dessinera comme une tache noire au milieu de l'image plus claire des chairs.

Cet examen s'appelle l'*examen radioscopique*.

En remplaçant le carton phosphorescent par une glace photographique, on peut conserver l'image de l'observation précédente. Cette image s'appelle une *radiographie*.

Les services que l'examen radiographique du corps humain a rendus à la médecine sont immenses.

On avait espéré qu'il en rendrait aussi à l'administration des douanes, en permettant d'explorer, sans les ouvrir, le contenu des colis qui passent devant ses yeux inquisiteurs ; mais la fraude est trop facile : il suffit de doubler le colis suspect d'une feuille de zinc, dont le métal, imperméable aux rayons X, soustrait le contenu de la caisse à l'œil scrutateur du douanier.

Ajoutons que les rayons X ont, dans certains cas, permis de traiter des tumeurs et semblent avoir cautérisé des plaies d'apparence cancéreuse. La médecine a donc trouvé en eux un puissant auxiliaire, dont il ne faut, cependant, utiliser les services qu'avec la plus grande prudence.

Les rayons X, en effet, agissent sur les glandes de la peau, et occasionnent des accidents cutanés qui peuvent amener la mort : c'est ainsi qu'un des constructeurs d'appareils pour les rayons Rœntgen a trouvé la mort au cours de ses expériences.

Enfin, les rayons X ont des propriétés électriques : ils déchargent les corps électrisés placés à une certaine distance.

Telles sont les propriétés remarquables des rayons cathodiques et des rayons X, propriétés qui se manifestent à nous par l'intermédiaire des corps phosphorescents.

L'énergie électrique, dépensée pour faire fonctionner le tube de Crookes, se transforme, par l'intermédiaire des rayons cathodiques, des rayons X et des corps phosphorescents, en énergie lumineuse.

Mais ces corps phosphorescents représentent, eux aussi, indépendamment de l'électricité, une transformation d'énergie, puisqu'on peut les exciter à l'aide de la lumière violette seule.

C'est pour ces raisons que M. Henri Becquerel, dès 1896, fut amené à faire l'étude spéciale des corps phosphorescents et à rechercher si, outre les rayons lumineux qu'ils émettent dans l'obscurité, ils ne seraient pas susceptibles d'émettre d'autres rayons qui seraient dotés d'une ou de plusieurs propriétés des rayons cathodiques et des rayons X.

Telle est l'origine et la cause des recherches qui ont conduit M. H. Becquerel à la découverte de la *radio-activité* de la matière.

CHAPITRE II

LE RADIUM ET SES PROPRIÉTÉS

Maintenant, satisfaisons immédiatement la curiosité de notre lecteur et disons-lui de suite ce qu'est le radium, en énumérant ses principales propriétés, que nous exposerons plus en détail dans les chapitres suivants en les étudiant l'une après l'autre.

L'uranium, étudié par M. Becquerel en 1896, est le type des corps *radio-actifs*, c'est-à-dire des corps qui semblent émettre *spontanément* et *indéfiniment* des rayons pénétrants, invisibles pour l'œil, mais dont on peut manifester la présence par l'illumination d'un corps phosphorescent, comme le sulfure de calcium.

Ces rayons, comme les rayons X, traversent les corps opaques; mais, tandis que les rayons découverts par le professeur Rœntgen empruntent leur énergie à une source continue d'électricité, les rayons dont H. Becquerel a découvert la présence dans l'uranium constituent une radiation en apparence inépuisable et *dont l'énergie n'est empruntée à aucune source visible*.

Deux ans après la découverte de Becquerel, M. et Mme Curie, en étudiant un minerai appelé la *pech-*

blende, parvinrent à isoler un nouveau corps qu'ils nommèrent le *radium*, présentant toutes les propriétés de l'uranium, mais avec une intensité bien plus considérable, puisque la puissance rayonnante du radium est près de *deux millions de fois* plus grande que celle de l'uranium.

Actuellement on peut, sans crainte d'être taxé d'exagération, affirmer que le radium est un produit rare. Il n'y en a pas actuellement *cent grammes* à l'état libre dans l'étendue du monde civilisé. Pour en extraire un gramme, il faut traiter dix mille kilogrammes de minerai ; ce traitement est long, très pénible, et le prix de revient du gramme ainsi obtenu est d'environ *deux cent mille* francs. Il n'y a donc que des milliardaires qui pourraient s'en offrir un kilogramme, qui reviendrait à la jolie somme de *deux cents millions !* Hâtons-nous, d'ailleurs, d'ajouter que, même en offrant les deux cents millions, on aurait quelque peine à trouver le kilogramme demandé. Il faut donc se contenter de centigrammes ou de milligrammes de radium, et encore, même à cette dose infinitésimale, n'est-ce pas un produit accessible à toutes les bourses.

Ce qu'on obtient en traitant la *pechblende*, ce minerai dont je parlais tout à l'heure et que l'on trouve en Autriche, ce n'est pas du radium isolé : ce sont des *sels* de radium, du chlorure de radium et du bromure de radium.

Ces sels sont lumineux par eux-mêmes, et les radiations qu'ils envoient, comme les rayons X, illuminent les corps phosphorescents et impressionnent une plaque photographique, *en traversant tous les corps connus !* Il n'existe pas de substances qui soient absolument imperméables aux rayons émis par le radium : toutes se laissent pénétrer plus ou moins, suivant leur nature ou leur épaisseur. Dans ces conditions, l'impression de la plaque photographique est plus ou moins grande, suivant la plus ou moins grande pénétrabilité de l'écran interposé.

Une des propriétés les plus étonnantes de ces radiations nouvelles, c'est leur indifférence apparente aux variations de la température. Alors que, dans la nature, toutes les propriétés des corps, leur longueur, leur volume, leur élasticité, leur flexibilité, varient quand ils sont plus ou moins échauffés, seules les radiations rayonnées par le radium semblent défier les caprices du thermomètre. Que l'on place une parcelle de radium à la température de l'eau bouillante, à 100° au-dessus de zéro, ou qu'on la soumette à l'extrêmement basse température de l'ébullition de l'hydrogène liquide, 250° *au-dessous* de zéro, son rayonnement ne varie pas, et les rayons qu'elle émet non seulement circulent librement à travers l'épaisseur des corps opaques, mais encore rendent bons conducteurs de l'électricité tous les corps que l'on croyait jusqu'ici *isolants*, tels que la térébenthine, le pétrole, l'air atmosphérique.

Les propriétés électriques des rayons du radium ne s'arrêtent pas là :

Ces radiations déchargent, à distance, un électroscope chargé : aux environs d'une certaine quantité de sels radiques, il est impossible d'isoler un appareil électrique quelconque ; ces rayons ont donc des propriétés électriques très nettes.

En outre, comme leurs cousins les rayons X, ils ne se réfléchissent pas sur les miroirs, pas plus qu'ils ne se réfractent à travers les prismes qu'ils traversent en ligne droite. Seul un aimant puissant semble capable non seulement de les dévier, mais encore de les décomposer en trois groupes, distincts les uns des autres, et inégalement électrisés.

Ce qu'il y a de troublant, de « renversant », si j'ose m'exprimer ainsi, dans le radium, c'est le caractère continu de son rayonnement.

Au moins jusqu'à nouvel ordre et depuis neuf ans qu'il est isolé, le radium semble être une source perpétuelle et *que l'on croit spontanée*, d'électricité : il en dégage indéfiniment sans s'affaiblir lui-même. Il dégage de même et d'une manière continue et constante, de la chaleur : un thermomètre, placé à côté d'un tube de radium, indique toujours une température plus haute que celle du milieu environnant.

Comme on sait, d'autre part, que chaleur et électricité sont des formes de l'énergie, il résulte de ce qui précède que le radium, se mettant en travers de toutes nos conceptions acquises en physique, semble réaliser sous une forme inattendue ce *mouvement perpétuel* que tant d'esprits égarés ont cherché autrefois. Et il *semblera* réaliser ce mouvement tant que l'on n'aura pas démêlé, dans le labyrinthe de ses effets inexplicables, la cause première de son énergie rayonnante. A l'inverse du tonneau des Danaïdes, il peut être comparé à un vase qui resterait toujours plein malgré une consommation continue

que l'on ferait du liquide qu'il renferme ; il est comme
la bourse du Juif errant qui, malgré les dépenses du
perpétuel voyageur, contenait toujours cinq sous,
également à perpétuité.

Quelque extraordinaires que soient les propriétés
que nous venons de mentionner, il y a cependant
mieux encore. Un sel de radium en dissolution
communique temporairement ses propriétés à tous
les corps, quels qu'ils soient, enfermés avec lui dans
le même récipient. Il semble ainsi fournir une véritable *émanation* matérielle, analogue à celle des
corps qui émettent des odeurs. Cette émanation
paraît traverser les gaz et se fixer sur les corps solides, *sans cependant les traverser*, comme le font les
rayons ordinaires du radium ; elle reste arrêtée par
un obstacle solide, tel que la paroi d'un vase.
On peut toutefois la « distiller » en quelque sorte,
comme on distille l'alcool, en refroidissant la vapeur
dans un serpentin refroidi. Si l'on recueille ces émanations radiques dans de l'air liquide dont la température est très basse, on peut les concentrer dans un
volume restreint ; mais, aussitôt séparées du sel d'où
elles proviennent, elles se dissipent assez rapidement.
Comme on le voit, c'est là encore une propriété
absolument inexplicable, en l'état actuel de la
science.

Quant aux effets du radium sur les organismes
vivants, ils sont surprenants : des brûlures graves ont
atteint les premiers expérimentateurs du radium ; des
animaux ont été paralysés par son action, et, si quelques médecins ont conçu l'espoir de traiter le cancer

par les émanations radiques, du moins n'est-il pas superflu de souhaiter que la plus extrême prudence préside à toutes les applications thérapeutiques de ce nouvel élément.

Une conclusion se dégage de tout cela, c'est que le radium marque un tournant brusque dans la route, jusqu'ici presque droite, de la physique : les propriétés de ce nouveau corps renversent, en effet, toutes les idées que nous considérions comme acquises relativement à la matière et à la force, puisqu'il s'en dégage constamment, et sans paraître s'affaiblir, de la lumière, de la chaleur, de l'électricité, c'est-à-dire trois formes de l'énergie, sans parler de cette « émanation », sorte de matière impondérable, que l'on peut cependant condenser. Et malgré ce rayonnement qui, jusqu'ici, semble incessant, le radium n'éprouve pas la moindre diminution de poids. L'énergie dépensée *par un gramme* de radium équivaut à plusieurs milliards de chevaux-vapeur.

D'où vient cette énergie formidable ?

Deux explications se présentent à l'esprit, toutes deux, d'ailleurs, aussi hypothétiques l'une que l'autre ; on peut supposer qu'il y a dans les molécules du radium une transformation atomique continue, transformation dont le mécanisme nous échappe et dont l'énergie serait rayonnée. On peut, au contraire, admettre que les phénomènes de radiation observés ne sont autre chose que la transformation sensible d'un rayonnement de l'espace rayonnant que nos sens ne seraient pas encore susceptibles de percevoir.

Quoi qu'il en soit, on voit bien que c'est un nouveau monde, pour la science, que cette *radio-activité* de la matière découverte, d'une façon si géniale, par le professeur Henri Becquerel, et que le radium de M. et Mme Curie présente à un si haut degré d'intensité.

Telles sont, rapidement énumérées, les propriétés principales du nouveau corps : toutes sont extraordinaires et inattendues.

Maintenant que nous avons esquissé les grandes lignes du tableau, nous allons entrer dans les détails et rappeler d'abord par quelle série de déductions, par quelle suite de recherches, les physiciens sont arrivés à découvrir, en premier lieu, la radio-activité de la matière, en second lieu le corps nouveau qui possède cette radio-activité à un degré si puissant.

Nous commencerons par exposer les recherches faites sur l'uranium par le professeur Becquerel.

CHAPITRE III

LES DÉCOUVERTES DE M. HENRI BECQUEREL

LES RAYONS DE L'URANIUM. — LA RADIO-ACTIVITÉ DE LA MATIÈRE

RAYONNEMENT SPONTANÉ DE L'URANIUM

Avez-vous jamais assisté à des fouilles archéologiques ? Non, peut-être, et, cependant, il n'est pas de spectacle plus impressionnant.

Guidé, non par le hasard, mais par des études préalablement longues et approfondies, servi en outre par un instinct, par un « flair » spécial, l'archéologue, accompagné d'une armée d'ouvriers munis de pioches, de pics, indique du doigt le point du sol qu'il s'agit d'explorer.

Sous ses ordres, les ouvriers ouvrent une tranchée, l'approfondissent et l'élargissent sans cesse. De longues tiges de fer sondent les terres remuées. Longtemps les recherches sont vaines, longtemps les efforts sont inutiles. Le savant, pourtant, ne désespère pas. Ses études historiques, les documents qu'il a accumulés, son expérience enfin, tout lui fait pressentir que là, sous ces mottes de terre, à quelques mètres de lui, sont les vestiges d'une sépulture, d'un camp, d'une ville disparue ; que sous ses pieds, peut-être, sont les traces de toute une civilisation éteinte.

Tout à coup, on entend un bruit sec : le pic d'un ouvrier vient de heurter un corps dur. Tout le monde entoure l'heureux chercheur. Au bout d'un instant, un objet informe est dégagé de la masse environnante. Rien ne peut, à des yeux profanes, en faire soupçonner la nature. Mais le savant a eu un sourire de triomphe ; lui seul a déjà pressenti quelle était la trouvaille, il la prend délicatement, avec mille précautions il la dégage de sa gangue et, au bout d'un instant, c'est un poignard, une coupe, un bijou, un crâne humain quelquefois, qu'il montre aux assistants étonnés, démontrant ainsi la justesse de ses prévisions.

C'est une série d'émotions analogues que doit éprouver le physicien à la recherche d'une loi nouvelle ; c'est par des angoisses et des joies du même ordre qu'a dû passer M. Henri Becquerel quand il a, après de longues et patientes recherches, découvert le rayonnement spontané de l'uranium et de ses sels.

Voici par quelles circonstances l'illustre physicien fut amené à faire ses belles recherches sur l'uranium.

Nous avons dit, au chapitre premier, dans quelles conditions prenaient naissance les rayons de Rœntgen : ils sont provoqués par les rayons cathodiques rencontrant un obstacle.

Au début, on ne le savait pas. On avait simplement constaté leur présence par l'impression d'une glace photographique à travers un corps opaque, et

cela au moyen d'un *tube de Crookes* comme celui
qui est dessiné sur la figure 1.

Mais on avait remarqué que la source évidente des
rayons X se trouvait sur la paroi de verre, au point
où cette paroi était frappée par les rayons cathodiques,
et on avait observé en même temps que cette paroi
était vivement fluorescente.

M. Henri Becquerel fut ainsi amené à se demander si
l'émission des rayons X n'accompagnait pas nécessairement le phénomène de la fluorescence, quelle
que fût la cause de cette dernière.

Or M. Becquerel savait que, parmi les corps hautement fluorescents, figurent les sels d'uranium, sels
remarquables non seulement par leur fluorescence
même, mais par d'autres propriétés optiques. Aussi
commença-t-il ses recherches par des travaux sur les
composés de l'uranium.

Ce furent des lamelles de sulfate double d'uranium
et de potassium qui servirent à ses premières expériences. Il prit d'abord une plaque photographique
qu'il enveloppa soigneusement dans plusieurs feuilles
de papier noir, de façon à la préserver de l'action
directe des rayons du soleil. La plaque, ainsi enveloppée, fut portée au jour, posée sur une table, et,
au-dessus du papier protecteur, on plaça quelques
parcelles de sel d'uranium.

Après quarante-huit heures d'exposition, on em-
porta la plaque dans la chambre obscure du laboratoire photographique et on la développa : on vit alors
qu'elle était impressionnée exactement aux points
qui se trouvaient sous les lamelles de sel d'uranium
dont on avait saupoudré le papier noir qui la

recouvrait. Les autres points de la plaque n'avaient reçu aucune impression. *Donc les sels d'uranium avaient émis des rayons pénétrants analogues aux rayons X.* M. H. Becquerel voyait donc ses prévisions pleinement réalisées.

Toutefois, ce n'était encore que la première étape de sa marche vers la grande découverte. Il croyait que ces rayons pénétrants étaient la conséquence de la fluorescence provoquée par l'exposition du sel d'uranium à la lumière du jour.

Il ne tarda pas à remarquer que les *sels d'uranium émettaient des rayons pénétrants même dans l'obscurité*, même après être restés longtemps dans une chambre noire.

Il en conclut donc que le rayonnement de ces sels était *spontané.* Dès lors, il n'y avait plus de doute possible : on était en présence d'un phénomène tout à fait nouveau, d'une propriété nouvelle et inattendue de la matière ; la *radio-activité* était découverte.

Mais une question restait à résoudre, et cette question, M. Becquerel l'a résolue aussitôt qu'il se la fut posée.

Les rayons pénétrants émis par les sels d'uranium provenaient de sels fluorescents. La radio-activité ainsi observée tenait-elle à la fluorescence de ces sels ou simplement au fait qu'ils étaient des sels d'*uranium?* Autrement dit, la cause de la radio-activité était-elle *physique* ou *chimique?*

Tous les sels d'uranium furent expérimentés, tous émirent des rayons pénétrants, même ceux qui

n'étaient pas fluorescents, même l'uranium métallique. La propriété radiante appartenait donc bien à
l'*atome* d'uranium ; elle tient à la nature même de ce
corps.

Alors les travaux de M. Becquerel furent autant de
brillantes conquêtes : il reconnut coup sur coup, en
1896 et 1897, que les rayons émis par l'uranium ne
subissaient ni la réflexion sur les miroirs ni la réfrac-
tion par le prisme ; il reconnut surtout leur caractère
capital, caractère qui permettait de *doser* le rayonnement de ces bizarres produits : c'est que les rayons
uraniques déchargeaient, à distance, les corps électrisés, et il donna ainsi la méthode qui a permis,
dans la suite, de déterminer l'intensité plus ou moins
grande de tous les corps *radio-actifs* analogues à
l'uranium.

Ces expériences remarquables eurent, à l'étranger,
un grand retentissement. L'éminent physicien anglais
lord Kelvin les répéta avec un plein succès, et un
autre physicien anglais, dont le nom devait devenir
célèbre dans cette question de la radio-activité,
M. Rutherford, s'attacha dès lors à cette étude qui devait le conduire plus tard à une découverte de premier ordre.

CHAPITRE IV

LA DÉCOUVERTE DU RADIUM. — LES TRAVAUX DE M. ET Mme CURIE

Ce n'était pas seulement à l'étranger que la découverte de Henri Becquerel avait eu du retentissement. En France (où, cependant, il est bien difficile à un Français d'être prophète), un physicien, déjà connu par de beaux travaux sur le magnétisme, Pierre Curie, professeur de physique à l'Ecole municipale de physique et de chimie de la rue Lhomond, s'attaqua à la question.

Il pensa que les propriétés si génialement découvertes par H. Becquerel dans l'uranium ne devaient pas être l'apanage exclusif de ce métal et que d'autres corps de la nature devaient, sans nul doute, les posséder à un degré plus ou moins grand.

Pierre Curie venait d'épouser une jeune fille d'une très haute intelligence et d'une érudition profonde, Mlle Sklodowska, Polonaise d'origine, et que j'ai eu le grand honneur d'avoir quelques mois comme élève, en 1892, quand je fus chargé de faire pendant un semestre, à la Faculté des sciences, les conférences préparatoires à la licence ès sciences physiques, à laquelle se préparait la jeune Polonaise.

3

Le 12 avril 1898, Mme Curie reconnut que les sels d'un autre métal, le *thorium*, dégageaient également des rayons pénétrants.

M. et Mme Curie examinèrent alors une quantité de produits parmi lesquels les uns étaient radio-actifs, les autres ne l'étaient pas. Mais ils constataient que, sans exception, tous ceux qui présentaient la radio-activité à un degré quelconque contenaient, soit de l'uranium, soit du thorium.

Ce fut alors que se produisit le fait capital d'où devait sortir le radium.

M. et Mme Curie s'aperçurent, au cours de leurs expériences, que certains échantillons de *pechblende* (minerai d'uranium que l'on trouve en Autriche) étaient plus actifs que l'uranium métallique lui-même.

Ils en conclurent que les corps radio-actifs ne devaient, peut-être, leur radio-activité qu'à ce fait qu'ils contenaient, dans leur intérieur, des traces d'un corps inconnu, mais doué d'une activité radiante considérable.

Ils décidèrent aussitôt de rechercher ce corps inconnu et de l'isoler, s'il y avait lieu : ils y réussirent d'une manière triomphante, en décembre 1898.

PRÉPARATION DU RADIUM

Avant d'aller plus loin, avant de décrire en détail les propriétés du nouveau corps, disons rapidement comment on est parvenu à l'obtenir.

Le minerai qui donne à peu près uniquement, aujourd'hui, les produits radifères, est le minerai de *pechblende*, qui provient de la mine de Joachimsthal,

M. ET Mme CURIE DANS LEUR LABORATOIRE.

› en Bohême. La pechblende est un minerai d'uranium.
L'uranium est extrait dans la mine même : la substance radio-active se trouve dans les résidus de la
préparation de l'uranium.

Le premier traitement de ces résidus est une opération gigantesque, pour laquelle M. et Mme Curie
ont dû s'adresser à l'industrie privée, étant donnée
l'énormité des masses qu'il faut mettre en jeu dans
la première opération.

Sans entrer dans des détails qui n'intéresseraient
que des chimistes de profession, et que ceux de mes
lecteurs, plus au courant des manipulations chimiques, trouveront dans une autre partie de cet ouvrage,
je dirai simplement que, pour travailler *une tonne*
(1.000 kilogr.) de résidus de pechblende, il faut
mettre en jeu *cinq tonnes* de produits chimiques et
cinquante mille litres d'eau de lavage.

Aucun laboratoire, on le voit, n'aurait pu offrir
aux deux chercheurs les ressources nécessaires.
Seule, une grande usine possédait l'espace, le matériel et la main-d'œuvre indispensables à de pareilles
manipulations : Une puissante société de produits
chimiques s'est offerte à effectuer ces difficiles
opérations dans ses usines. Jusqu'à présent, elle
a traité treize tonnes de résidus de pechblende, ce
qui correspond à la manipulation de *sept cent mille
kilogrammes* de matières diverses.

On voit, par les chiffres qui précèdent, que la préparation du radium n'est pas une petite affaire. Voici
la ligne générale des opérations :

Après des lavages prolongés à grande eau, on

avait une partie insoluble que l'on traitait par le carbonate de soude : on obtenait ainsi du carbonate de radium. De nouvelles manipulations amenaient les sels à l'état de chlorures. Ces derniers, lavés à l'acide chlorhydrique pur, donnaient, pour une tonne de résidus primitivement employés, quelques kilogrammes d'un mélange de chlorure de baryum et de chlorure de radium. On fractionnait ces quelques kilogrammes mécaniquement, jusqu'à obtention de deux cent cinquante grammes d'un chlorure qui était déjà *mille fois* plus actif que l'uranium métallique.

Arrivée à ce point, la première phase de la préparation était terminée : elle avait duré environ de trois mois à trois mois et demi !

Alors, après le travail à l'usine commençait le travail de laboratoire. L'usine a fourni du chlorure de baryum simplement *radifère :* il s'agit d'en extraire du *chlorure de radium* pur. On y parvient en soumettant le mélange obtenu à des cristallisations fractionnées, en prenant comme dissolvant d'abord de l'eau distillée, puis de l'acide chlorhydrique pur. On utilise ainsi la différence de solubilité des deux chlorures : le chlorure de baryum se dissout, en effet, plus facilement que le chlorure de radium.

On arrive ainsi à obtenir du chlorure de radium pur et à posséder un corps dont la radio-activité est presque deux millions de fois plus considérable que celle de l'uranium !

Naturellement, toutes les expériences faites avec l'uranium se font, avec le radium, avec la plus grande facilité.

C'est ainsi que, dès qu'ils furent en possession du
métal qu'ils avaient découvert, M. et Mme Curie véri-
fièrent tous les faits énoncés, deux ans auparavant,
par M. Becquerel : ils virent que les rayons du
radium pouvaient pénétrer les corps opaques, qu'ils
transportaient de l'électricité négative, qu'ils déchargeaient à distance les corps électrisés, qu'ils rendaient les gaz environnants bons conducteurs de
l'électricité, qu'ils excitaient la luminosité des corps
phosphorescents.

Mais une chose restait à faire, pour confirmer l'opinion des deux savants : il fallait démontrer que le
radium était bien un corps simple *nouveau*.

Cette démonstration fut faite par un savant physicien français, Demarçay, qu'une mort prématurée
vient d'enlever à la science.

Demarçay s'était fait une spécialité des études
spectroscopiques, M. et Mme Curie lui remirent quelques parcelles de leurs corps radifères, et il reconnut,
à l'aide de son spectroscope à étincelles, des raies
inconnues jusqu'alors, et qui caractérisaient bien un
élément nouveau.

Plus de doute : c'était un corps simple à ajouter à
la liste déjà longue de ceux que l'on connaît aujour-
d'hui, mais un corps simple jouissant de propriétés
inattendues, stupéfiantes, bouleversant toutes nos
idées sur la matière et sur l'énergie.

ENCOURAGEMENTS DONNÉS A M. ET Mme CURIE

Il faut dire, à la gloire de notre pays et de notre
temps, que, de tous côtés, M. et Mme Curie reçurent

les encouragements les plus précieux, non seulement au point de vue moral, mais au point de vue matériel.

C'est ainsi que le professeur Suess, de Vienne, l'illustre géologue autrichien, leur a fait envoyer les minerais nécessaires; que, dès le début de leurs recherches, l'Académie des sciences, la Société d'encouragement, un donateur anonyme leur ont fourni d'importants subsides pour leurs coûteuses expériences.

Plus tard, l'Académie leur décerna un premier prix de 10.000 francs; puis le 5 mars 1902, par conséquent bien avant le prix Nobel, qui leur fut attribué en décembre 1903, l'Académie des sciences, toutes sections réunies, leur vota un nouveau subside de *vingt mille francs.* Enfin, *c'est sur les démarches de l'Académie des sciences de Paris que M. et Mme Curie ainsi que M. Becquerel ont obtenu le prix Nobel,* que leur a décerné l'Académie des sciences de Stockholm, et dont le montant est de *cent mille couronnes.* On voit donc que, contrairement à une légende qui tend trop volontiers à représenter l'Institut comme un peu « fossile », l'Académie des sciences comme lente à se rendre aux progrès, et même comme hostile aux innovations, c'est aux efforts de la savante compagnie, à ses sacrifices, à ses démarches que sont dues en grande partie et la réalisation matérielle et la récompense de ces magnifiques travaux.

Pour que cette histoire du radium soit complète, il faut ajouter que M. Debierne a découvert, de son côté, un nouveau produit radio-actif qu'il a nommé *l'actinium.*

CHAPITRE V

IPROPRIÉTÉS DU RADIUM. — PROPRIÉTÉS ÉLECTRIQUES
DES RAYONS. — DÉGAGEMENT DE CHALEUR

Nous venons de voir par quelles longues et péni-
bles opérations on devait passer pour obtenir quelques parcelles d'un sel de radium pur.

Supposons, maintenant, que nous possédions quelques centigrammes d'un tel corps; étudions-le et
cherchons à lui arracher, l'un après l'autre, les
secrets physiques dont il semble le mystérieux dépo-
sitaire.

Ce que nous observons tout d'abord, c'est la
luminosité du produit nouveau : il émet par lui-
même des lueurs dans l'obscurité, à la façon des vers
luisants. C'est un point sur lequel nous reviendrons
tout à l'heure.

Nous remarquons aussi un fait bien caractéristique. Inutile d'essayer de faire, dans la chambre où se
trouve notre radium, une expérience délicate d'électricité statique : les électroscopes, auxiliaires indispensables de toutes les opérations, se déchargent
instantanément sous l'influence des émanations radiques.

Essaye-t-on d'enfermer le radium dans un tube

de plomb, afin d'obliger les rayons à s'affaiblir en se frayant passage à travers les compactes molécules d'un métal si dense? rien n'y fait, l'électroscope se décharge comme avant. Il faut expulser le coupable, c'est-à-dire emporter le morceau de radium, enfermé dans son tube de plomb, hors de la salle, bien loin de l'instrument électrisé, pour supprimer son action. N'est-ce pas extraordinaire? Et n'est-ce pas une première mais péremptoire démonstration des propriétés électriques transportées par les rayons radiques?

Le radium, par son rayonnement, provoque à un très haut degré la fluorescence ou la phosphorescence.

Ainsi, les cartons qui servent à l'exploration du corps humain à l'aide de rayons X (cartons recouverts d'une couche verdâtre de platino-cyanure) deviennent lumineux sous l'action d'un morceau de radium, *même placé à deux mètres*. Le verre devient fluorescent et finit par se colorer en brun ou en violet; en même temps, sa fluorescence diminue. Si l'on chauffe le verre ainsi altéré, il se décolore, et, en même temps que la décoloration se produit, le verre émet de la lumière. Après cela, le verre a repris la propriété d'être fluorescent au même degré qu'avant la transformation.

Le *diamant* est rendu phosphorescent par l'action des rayons du radium : on peut ainsi, à défaut d'autres moyens, le distinguer facilement des compositions qui ont la prétention de l'imiter, telles que le strass, etc., compositions qui ne prennent, sous l'action des rayons radiques, qu'une luminosité très faible.

On ne s'attendait guère à trouver ainsi au radium une application dans le domaine de la joaillerie, tant Il est vrai que les découvertes scientifiques ont, souvent, les résultats les plus inattendus et les applications les plus surprenantes.

Ainsi donc, le radium rend phosphorescents une quantité de corps qui, sous l'excitation des rayons qu'il émet, s'illuminent dans l'obscurité. Mais c'est un axiome de droit bien connu, que le législateur ne saurait se soustraire lui-même à la loi qu'il a édictée.

Les rayons du radium illuminent donc sa propre substance, et c'est pour cela qu'il est lumineux dans une chambre obscure : il manifeste ainsi lui-même la plus « éclatante » de ses propriétés.

DÉGAGEMENT DE CHALEUR PAR LES SELS DE RADIUM

Nous arrivons maintenant à l'une des propriétés les plus troublantes du radium, à celle qui permet d'entrevoir, dans un avenir plus ou moins rapproché, les plus extraordinaires conséquences, à celle qui renverse le plus les données sur lesquelles s'appuie la science contemporaine : c'est le dégagement de chaleur par les composés radifères.

Tout sel de radium est le siège d'un dégagement de chaleur spontané et continu. — Ce dégagement de chaleur a pour effet de maintenir les sels de radium à une température plus élevée que la température ambiante. Une expérience simple permet de s'en rendre compte d'une façon nette et précise.

Prenons deux vases identiques, R et B, construits

de manière à préserver le contenu du rayonnement calorifique des corps environnants. Dans l'un de ces vases, R, mettons une petite quantité de chlorure de radium, dans l'autre, B, une égale quantité d'un corps inactif quelconque, par exemple de chlorure de baryum. Enfin, dans les deux récipients, plongeons deux thermomètres identiques, T et T', et abandonnons l'expérience à elle-même.

Au bout d'un certain temps, nous pouvons cons-

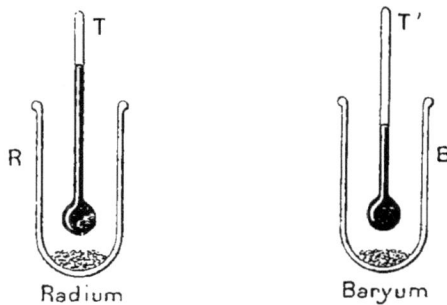

Fig. 2.

tater facilement et d'une façon certaine que le thermomètre T, placé dans le vase contenant le radium, indique toujours une température plus élevée que le thermomètre T', placé dans le vase où l'on a mis le corps inactif, comme le montre la figure. Ce résultat se continue indéfiniment : le radium est toujours d'environ *trois degrés* plus chaud que les corps ordinaires *placés dans les mêmes conditions*.

On peut mesurer exactement la *quantité de chaleur* dégagée par le radium ; et ici, qu'il me soit permis de dire un mot de la différence essentielle qu'il y a entre la *température* et la *quantité de chaleur*, les choses que, bien à tort, on confond souvent dans le langage familier.

La *température* d'un corps, c'est l'indication d'un thermomètre placé en contact avec ce corps. Tandis que la quantité de chaleur est toute différente : nous allons le montrer par un exemple saisissant.

Considérons deux vases, l'un contenant *un litre*, l'autre contenant *cent litres*. Remplissons-les tous les deux d'eau et faisons bouillir cette eau en chauffant chacun des deux vases avec un fourneau à pétrole.

Quand l'eau bouillira dans les deux vases, un thermomètre plongé dans chacun d'eux indiquera la même température : cent degrés. Et cependant, il a fallu fournir une *quantité de chaleur* cent fois plus grande pour faire bouillir les cent litres que pour faire bouillir le litre unique; on a *dépensé* cent fois plus de pétrole dans le premier fourneau que dans le second.

On voit donc qu'il ne faut jamais confondre les mots *chaleur* et *température*.

L'expérience que rappelle la figure **2** montre que la *température* du radium est toujours plus élevée que celle des corps environnants, mais elle ne mesure pas la *quantité de chaleur* rayonnée par le radium.

Pour mesurer cette quantité de chaleur, M. Curie a fait l'expérience suivante :

Il a pris un appareil formé de deux vases, A et B, en verre (fig. 3) : le vase A est soudé dans le vase B et celui-ci est terminé par un tube gradué C. Le vase B contient du mercure à sa partie inférieure et de l'eau par-dessus; le vase A est vide. Cet appareil s'appelle un *calorimètre à glace;* il a été imaginé par Bunsen.

On commence, à l'aide d'un appareil à produire le froid, par congeler l'eau contenue dans le vase B; puis on introduit dans le vase A un fragment de radium que l'on a soigneusement pesé.

Aussitôt, on voit la glace commencer à fondre, et, par suite de cette fusion, le mercure descend dans le

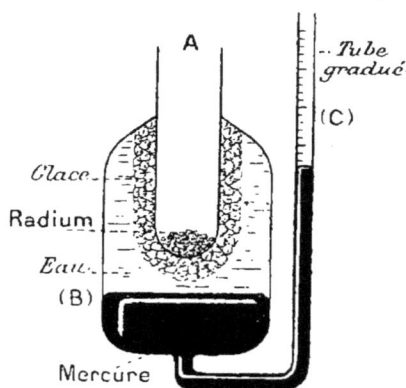

Fig. 3.

tube gradué. On sait, en effet, que la glace, en fondant, diminue de volume; un kilogramme de glace occupe un volume plus grand qu'un kilogramme d'eau; c'est justement ce qui fait que la glace flotte sur l'eau.

On constate que la baisse de mercure dans le tube gradué est *continue :* ce qui montre bien que le dégagement de chaleur dû au radium est lui-même continu.

Cette expérience mesure, d'ailleurs, bien une *quantité de chaleur,* car tout le monde sait que pour fondre de la glace il faut *dépenser* de la chaleur, soit sous forme de charbon, soit sous forme de pétrole, d'esprit-de-vin, ou autrement.

Le dégagement continu de chaleur par le radium est donc matériellement prouvé. La même expérience permettra d'ailleurs de la mesurer, puisqu'on sait combien de chaleur il faut pour fondre un gramme de glace. Or à une quantité déterminée de chaleur correspond une quantité déterminée de travail mécanique : les machines motrices, à vapeur, à gaz ou à essence, ne sont autre chose que des transformations de la chaleur en travail mécanique.

On a pu, ainsi, calculer que, *rien que sous la forme de chaleur* directement mesurable, un gramme de radium dégage, dans l'espace d'une heure, une quantité de chaleur qui serait suffisante pour élever son propre poids à *trente-quatre kilomètres de hauteur !* Et nous ne tenons compte, là, que des radiations calorifiques : il y a, en outre, les radiations électriques et lumineuses qui, elles aussi, représentent une quantité considérable d'énergie.

On voit donc que, jusqu'à ce qu'on ait trouvé la cause de ce dégagement, le radium *semble* réaliser cette utopie si souvent rêvée, autrefois, par des imaginatifs : le *mouvement perpétuel.* Mais aujourd'hui nous savons que rien ne se fait avec rien.

Il y a donc une cause à cette énergie rayonnée sans cesse par le radium.

Cette cause, nous ne la connaissons pas encore, mais de tous côtés les savants se sont attelés à ce problème, et ce n'est pas là une des moindres applications du nouveau corps ; que dis-je ? c'est peut-être sa plus importante : obliger les chercheurs à se lancer dans une voie nouvelle. S'ils ne trouvent pas ce qu'ils cherchent, ils trouveront, en tout cas, quelque chose, et ce sera toujours, pour la science, une nouvelle conquête, c'est-à-dire un progrès.

Un débit de chaleur aussi considérable ne peut pas être expliqué par une réaction chimique ordinaire, étant donné surtout que l'état du radium semble rester le même pendant des années. On pourrait penser que le dégagement de chaleur est dû à une transformation de l'atome du radium lui-même, transformation qui serait forcément très lente.

S'il en était ainsi, on serait amené à conclure que les quantités d'énergie mises en jeu par la formation et la transformation des atomes, c'est-à-dire des particules primitives de matière qui constituent les corps simples, sont énormes et dépassent en grandeur tout ce qui nous est connu jusqu'à présent.

EFFETS CHIMIQUES PRODUITS PAR LE RADIUM

Les rayons dégagés par le radium exercent des actions chimiques indiscutables sur les corps qu'ils rencontrent.

Ainsi, le verre et la porcelaine prennent une coloration spéciale. Le verre devient assez rapidement, suivant sa nature, violet, brun, jaune ou gris.

Les sels alcalins, comme le salpêtre (azotate de potassium), primitivement blancs, passent à une teinte bleue, jaune ou verte. Le sel gemme (chlorure de sodium) se colore également. Le phosphore blanc passe à l'état de phosphore rouge. Le papier se colore, jaunit, devient cassant ; il finit par prendre l'aspect d'une vieille passoire criblée d'une foule de trous minuscules.

L'oxygène de l'air se transforme en ozone sous l'influence du radium, c'est-à-dire qu'il se condense pour ainsi dire, acquiert des propriétés oxydantes plus énergiques et devient un excellent antiseptique. On sait que par l'ozone on peut, comme l'a montré M. Otto, stériliser les eaux potables et combattre efficacement les maladies épidémiques. Qui sait s'il n'y a pas là, pour l'avenir, une application spéciale du radium, application hautement humanitaire ?

Parmi ces actions chimiques, il ne faut pas oublier l'action sur les sels d'argent : les rayons radiques noircissent les sels d'argent. Cela revient à dire qu'ils impressionnent une plaque photographique, puisque ces plaques sont faites de bromure d'argent.

On pourra donc, avec le radium, faire des *radio- graphies*, comme on le fait avec les rayons X. Les corps métalliques, moins transparents que les corps organiques, montreront leur silhouette noire sur les épreuves positives obtenues. Là aussi, quand le radium sera obtenu à des prix abordables, il y aura une application des plus importantes.

En effet, pour faire une radiographie, pour recher- cher, par exemple, la trace d'un projectile logé dans un membre brisé, il faut tout l'attirail des rayons X : batterie d'accumulateurs, tubes de Crookes, transfor- mateur puissant, etc. Avec le radium, un grain de sel radio-actif suffira à obtenir le même résultat. On voit donc qu'il peut y avoir, de ce chef, une appli- cation remarquable.

DÉCOMPOSITION DE L'EAU SOUS L'ACTION DU RADIUM

Parmi les actions chimiques que produit le radium, il en est une bien curieuse : une solution de bromure de radium décompose l'eau d'une manière continue et l'on observe un dégagement permanent de gaz. Ces gaz sont uniquement de l'oxygène et de l'hydrogène; si on les recueille, on constate qu'il se dégage un volume d'hydrogène double de celui de l'oxygène pendant le même temps.

C'est à ces dégagements gazeux qu'il faut, sans doute, attribuer des accidents qui se sont produits au cours des recherches de M. et Mme Curie : des ampoules de verre, contenant des sels de radium, ont fait explosion sous l'action d'un faible échauffement. Cela tient probablement à des dégagements continus de gaz produits par le radium. Ces gaz s'accumulent dans les pores de la poudre qui constitue le chlorure de radium, et, si l'on chauffe l'ampoule qui le contient, se dégagent en masse, donnant ainsi naissance à une pression brusque, suffisante pour produire l'éclatement du petit récipient de verre.

Il y a donc danger à conserver longtemps du radium en tube scellé.

Enfin, une des propriétés les plus remarquables du radium, c'est que son rayonnement paraît insensible aux variations de la température, contrairement à tout ce qui se passe dans la nature.

En effet, les variations de température modifient tous les phénomènes connus : la longueur d'une barre métallique varie, son élasticité change ; la ten-

sion électrique d'une pile suit les variations du thermomètre ; la force attractive d'un aimant subit des
modifications à mesure que la température varie.

Pour le radium, c'est tout le contraire : qu'on le
mette à la température de 30° au-dessus de zéro ou à
la température de l'air liquide (250° *au-dessous*) son
rayonnement reste le même ! C'est vraiment un mystère de plus dans ce corps si mystérieux.

CHAPITRE VI

COMPLEXITÉ DES RAYONS DU RADIUM. — LES TROIS ESPÈCES DE RAYONS

C'est en 1899 que M. Becquerel découvrit la complexité des rayons du radium. Le savant professeur de l'École polytechnique eut l'idée d'étudier la propagation des rayons du nouveau corps au voisinage d'un aimant puissant, dans le but de voir si ledit aimant exerçait sur la direction des rayons une action déviante.

Ses efforts furent couronnés de succès, et il eut la satisfaction de découvrir ainsi non seulement que l'aimant agissait sur le rayonnement du radium, mais qu'il le *décomposait* en trois séries de rayons parfaitement distincts les uns des autres.

Un faisceau de rayons radiques contient donc trois groupes ayant des propriétés différentes, et que l'on a désignés par les trois premières lettres de l'alphabet grec :

1° Les rayons α *(alpha)*, très peu déviables par l'aimant, et dont la déviation, toujours très faible, est de sens inverse de celle des rayons de la seconde espèce. Ces rayons sont analogues à des rayons spé-

ciaux, qui ne sont pas des rayons cathodiques, qui
prennent naissance en arrière d'une cathode perforée
de petits trous, dans le tube de Crookes, et qui sont
connus des physiciens sous le nom de *rayons-
canaux* ;

2° Les rayons β (*bêta*), tout à fait analogues aux
rayons cathodiques. Ce sont ces rayons qui ont révélé
pour la première fois l'existence des rayons radiques.
Des expériences nombreuses et variées permettent

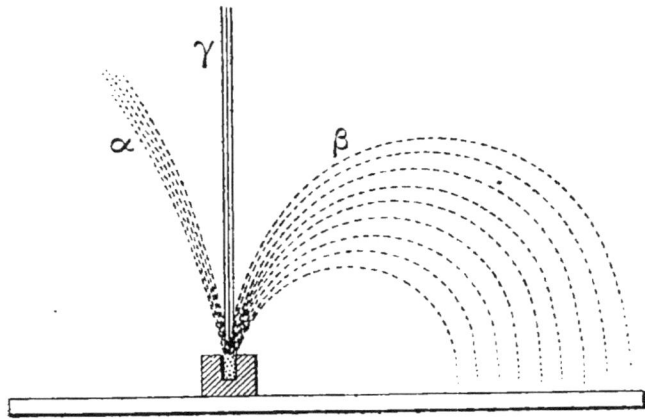

Fig. 4.

d'affirmer qu'ils sont de tout point assimilables aux
rayons cathodiques. Ces rayons sont très peu pénétrants et ne traversent pour ainsi dire pas les corps
opaques ; c'est une ressemblance de plus avec les
rayons cathodiques ;

3° Les rayons γ (*gamma*), non déviables, mais très
pénétrants, tout à fait semblables aux rayons X ; ce
sont les rayons γ du radium qui permettent d'obtenir la radiographie à l'aide des sels du nouveau
métal. (La figure ci-dessus montre les situations

respectives de ces trois groupes de rayons après leur séparation.)

Un grain d'un corps radio-actif émet, par conséquent, toutes les variétés de rayons qui prennent naissance dans les tubes de Crookes sous l'influence de l'électricité à haute tension. Il ne restait plus, une fois cela découvert, qu'à s'assurer que les rayons du radium transportent, comme les rayons cathodiques, de l'électricité négative pour que l'assimilation fût complète. Cette découverte a été faite par M. et Mᵐᵉ Curie ; on peut, dès lors, affirmer que, tout comme les rayons cathodiques, *les rayons du radium transportent de l'électricité négative.*

Nous nous trouvons donc en présence d'une merveille de plus : le radium dégage déjà de la lumière et de la chaleur sans emprunter de travail pour arriver à cela, et le voici qui rayonne une troisième forme de l'énergie, de l'électricité ! Il en rayonne spontanément, cependant, et d'une façon en apparence inépuisable !

Ces rayons négatifs, analogues aux rayons cathodiques, sont assimilables à des files de véritables petits projectiles qui s'échapperaient du radium avec une vitesse considérable et dont la masse individuelle serait *mille fois* plus petite que celle d'un atome d'hydrogène, le plus petit atome connu. Or on sait que ce dernier gaz fuse à travers toutes ses enveloppes ; il est le désespoir des aéronautes, qui ne sont pas encore parvenus à avoir pour leurs ballons des étoffes nettement imperméables. On comprend donc que les particules émises par les rayons radiques, de masse mille fois plus faible que celle des atomes d'hydrogène, pénètrent plus facilement à travers tous les corps connus.

Quelque invraisemblable que paraisse ce que nous allons dire, *M. Henri Becquerel est arrivé*, en comparant les propriétés électriques et magnétiques des rayons, *à mesurer leur vitesse* : il a trouvé, malgré les difficultés inouïes de pareilles déterminations, qu'elle était voisine de celle de la lumière 300.000 *kilomètres par seconde!*

EXPÉRIENCES DE SIR W. CROOKES

Nous venons d'assimiler les radiations radiques à de petits projectiles chargés négativement.

Sir W. Crookes, l'éminent physicien anglais, a légitimé cette assimilation par une expérience saisissante et absolument démonstrative.

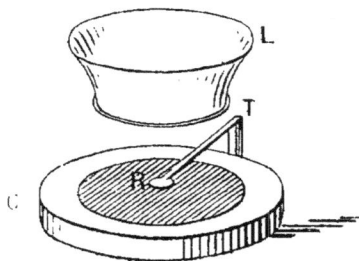

Fig. 5.

Sur un cadre circulaire C est tendue une feuille de carton mince recouverte d'une couche légère de sulfure de zinc phosphorescent. Une tige T est placée près de ce carton, de façon que son extrémité arrive à un demi-millimètre de la surface phosphorescente,

et à cette extrémité est fixée une parcelle, R, de
radium (moins d'un milligramme).

Ceci étant ainsi installé, portons l'appareil dans
l'obscurité et regardons à l'aide d'une loupe L la
partie de l'écran tournée vers le radium : nous aper-
cevons des points lumineux qui apparaissent et
disparaissent sans discontinuer; c'est comme une

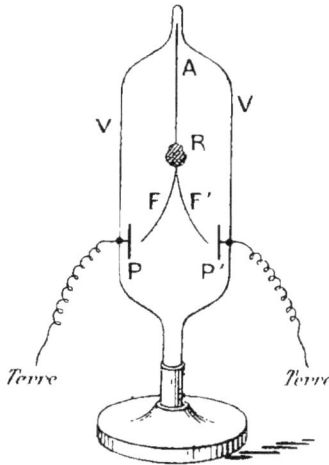

Fig. 6.
Appareil montrant l'émission d'électricité par le radium.

fourmilière d'étincelles instantanées, une pluie de
microscopiques étoiles filantes.

Chacune de ces étincelles est due au choc de ces
projectiles émis par le radium; et c'est avec une
admiration sans bornes, une sorte d'effroi respectueux
que l'on voit cette expérience, en se demandant si,
pour la première fois depuis l'histoire du monde, nous
ne sommes pas en présence de l'atome lui-même,
de la particule élémentaire, infinitésimale, essence de
toute matière, point d'application de toute force !

Le petit appareil dont nous venons de donner le principe a été baptisé, par son auteur, le *spinthariscope*. La loupe et l'écran sont réunis l'une à l'autre par un tube de cuivre, et le tout constitue un cylindre haut de 2 centimètres et ayant aussi 2 centimètres de diamètre.

On peut démontrer d'une manière aussi simple qu'ingénieuse, comme l'a fait M. Strutt, l'émission d'électricité par les corps radio-actifs.

Imaginons qu'on enferme quelques parcelles de radium dans une ampoule de verre R (fig. 6) suspendue à un fil de verre A et terminée à sa partie inférieure par deux feuilles d'or battu, F. F′; le tout est enfermé dans un vase de verre V, dans lequel on a fait un vide parfait; les parois de ce vase livrent passage à deux fils, en communication avec la terre, et qui se terminent par deux plaques métalliques, P et P′, placées en regard des deux feuilles d'or.

Les tout petits projectiles lancés par le radium, ceux dont la masse est mille fois plus faible que celle d'un atome d'hydrogène, traversent sans difficulté le verre mince de l'ampoule R et transportent avec eux de l'électricité négative : le reste demeure chargé positivement, et leur charge d'électricité positive s'accumule dans l'ampoule : les deux feuilles F et F′, chargées de la même électricité, devront donc se repousser et s'écarter l'une de l'autre. C'est ce que l'on observe, en effet.

Quand leur écart est assez grand, les feuilles viennent toucher les plaques P et P′ qui communiquent avec la terre : aussitôt elles se déchargent et retombent, pour diverger lentement, ensuite, à mesure qu'elles se chargent de nouveau, grâce à

(Cliché Elliot et Fry, Londres.)

PROFESSEUR SIR W. CROOKES
de la Société royale de Londres.

ampoule R. Ce mouvement dure ainsi indéfiniment, autant plus rapide que l'activité du radium contenu a R est plus considérable.

Tout à l'heure, nous rappelions que M. Becquerel avait pu mesurer la vitesse de ces projectiles d'électricité négative qui constituent ce bombardement atomique. Cette vitesse est de 300.000 kilomètres à la seconde.

Une fois en possession de ce chiffre, on peut calculer l'énergie émise par le rayonnement d'un composé radio-actif.

En faisant ce calcul, on trouve que, *rien que pour un gramme de radium*, l'énergie ainsi rayonnée est de *plusieurs milliards de chevaux-vapeur*.

Si l'on se rappelle (ce que nous avons mentionné plus haut) que l'énergie rayonnée pendant une heure, sous forme de chaleur, suffirait à élever le poids du même gramme de radium à 34 kilomètres de hauteur, si l'on réunit à cette énergie calorifique l'énergie électrique et celle des autres rayonnements, on peut, ou plutôt on ne peut plus imaginer la puissance formidable et qui semble inépuisable que représente un gramme de radium !

Ce nouveau corps est donc bien un sphinx, un mystère permanent et que nous sommes loin d'avoir pénétré.

Avant de terminer ce chapitre, il sera peut-être intéressant pour le lecteur de savoir par quels moyens M. Becquerel a découvert la complexité des rayons du radium.

Cette découverte a été faite par la photographie.

Un faisceau étroit de rayons radiques, limités pa
une fente percée dans un épais bloc de plomb, s
propageait horizontalement, en rasant la surfac
d'une plaque photographique au gélatino-bromure
Sous la plaque était placé le pôle d'un aimant puis
sant : le tout placé dans la chambre obscure.

Après quelques minutes d'expérience, on déve
loppe la plaque et on trouve, en examinant le clich

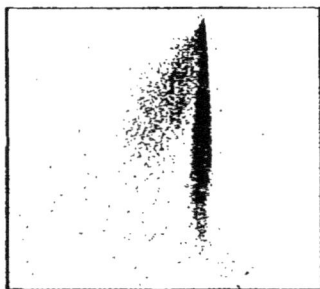

Fig. 7.
Déviation magnétique des rayons β.

(fig. 7), deux impressions : l'une en ligne droite,
l'autre déviée vers la droite ; ce sont deux des trois
faisceaux que nous avons énumérés en commençant,
les rayons β et les rayons γ.

En résumé, le radium émet trois sortes de rayons :
des rayons déviables par l'aimant, analogues aux
rayons cathodiques, et des rayons non déviables,
de deux sortes : les uns très absorbables, les autres
très pénétrants et analogues aux rayons X.

CHAPITRE VII

LA RADIO-ACTIVITÉ INDUITE ET L'ÉMANATION. — COMMUNICATION DES PROPRIÉTÉS DU RADIUM AUX CORPS QUI L'AVOISINENT.

LA RADIO-ACTIVITÉ INDUITE

Sauf l'action sur les organismes vivants, dont nous parlerons à la fin, nous avons exposé toutes les propriétés inhérentes au radium lui-même et à son rayonnement direct.

Mais il y a une propriété plus étonnante que toutes les autres, dont nous avons à parler maintenant. C'est l'*activation*, par le radium, des substances placées dans son voisinage. Le radium, en effet, n'est pas égoïste, il ne garde pas pour lui seul la puissance mystérieuse qu'il possède; il la communique aux corps voisins : c'est ce qu'on appelle la *radio-activité induite*, phénomène découvert en 1899 par M. et Mme Curie.

Ces savants ont, en effet, remarqué que, sous l'influence du radium, les autres corps devenaient temporairement radio-actifs; la radio-activité ainsi acquise disparaît lentement, à partir du moment où l'action excitante du radium a cessé de la provoquer.

M. Curie a fait, de ce phénomène, une étude approfondie.

Il a reconnu que la radio-activité induite se produit avec une intensité considérable dans les espaces clos. Il a montré, par des expériences aussi nombreuses que démonstratives, que le phénomène ainsi engendré était le même pour toutes les substances et que son intensité ne changeait pas, même quand on faisait varier, entre des limites assez larges, la pression dans le vase où l'on fait l'expérience. Il n'y a qu'un seul cas où la radio-activité ne se produise pas : c'est celui où l'on enlève constamment, en faisant le vide avec une machine pneumatique, les gaz qui se sont dégagés dans le vase où l'on expérimente.

Les dissolutions des sels du radium manifestent le phénomène avec plus d'intensité que les sels solides et communiquent les propriétés radiques à tous les corps enfermés avec elles dans le même vase. Les liquides, en particulier, deviennent ainsi facilement radio-actifs. Ils ont alors toutes les propriétés du radium; ils émettent, comme lui, des rayons pénétrants, qui traversent les enveloppes de verre en les rendant lumineuses, et cette activité induite se propage de proche en proche dans le gaz d'une enceinte close, même à travers des tubes capillaires et des fissures imperceptibles. Si le corps qui s'active par influence est un corps phosphorescent, il devient, du même coup, lumineux.

L'ÉMANATION

On le voit, la radio-activité induite constitue une propriété remarquable dont on doit la découverte à

Cliché Tuck.

M. RUTHERFORD
Professeur à l'université de Manchester.

MM. et Mme Curie; mais il y en a une plus extraordinaire encore, due au physicien anglais Rutherford;
c'est l'*émanation*, curieuse non seulement par elle-
même, mais parce qu'elle fournit l'explication de la
radio-activité induite elle-même.

Qu'est-ce donc que l'*émanation*? Nous allons
essayer de le montrer.

Il semble qu'il se dégage de tout sel de radium
en dissolution une substance inconnue, qui agit à
la manière des gaz, et qui est elle-même radio-active
pendant une durée assez longue. Cette matière —
est-ce bien « matière » qu'il faut dire ? — *émanée*
ainsi du nouveau corps, se diffuse à la façon d'une
vapeur extrêmement subtile, mais, *contrairement aux
rayons du radium, cette émanation ne traverse pas
les corps*, elle demeure confinée dans les flacons qui
l'enferment. La moindre paroi continue l'arrête,
forme un obstacle à sa diffusion.

En revanche, *on peut distiller l'émanation radique
comme on distille un liquide*, il suffit de la condenser
dans un récipient très petit, que l'on refroidit à une
température extrêmement basse, par exemple en le
plongeant dans l'air liquide.

Dans ces conditions, la distillation se fait, *l'émanation* se concentre dans le petit espace froid, comme
une vapeur se condense dans le serpentin de
l'alambic. Et il suffit même que l'espace refroidi
communique avec le vase où se produit l'émanation
par un orifice infiniment étroit, par un tube capil-
laire, par exemple.

Une expérience simple permet de démontrer
facilement tout ce que nous venons d'énoncer.

Dans un vase de verre V, fermé par un robinet R, on

place une dissolution d'un sel de radium. Ce vase
communique par un tube M N avec deux ampoules
de verre superposées, A et B, dans lesquelles on
peut faire le vide par un tube T. Le verre des deux
ampoules A et B est enduit de sulfure de zinc qui,
à l'état ordinaire, n'est pas lumineux dans l'obscurité.

Après avoir mis la dissolution radifère dans le
vase V, fermons le robinet R et faisons le vide

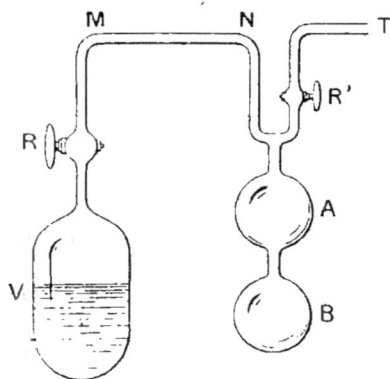

Fig. 8.

dans les ampoules A et B. Le vide étant fait, on le
maintient en fermant le robinet R'; on laisse le
tout en l'état pendant un temps suffisant pour que
l'émanation puisse se dégager de la dissolution;
les deux ampoules A et B sont toujours obscures.

Alors, ouvrons brusquement le robinet R : l'émanation produite dans le vase V est aspirée par
l'espace vide A B, et les deux ampoules s'illuminent
aussitôt.

A ce moment, plongeons l'ampoule inférieure B

dans l'air liquide, à une température inférieure à −220°. Aussitôt l'émanation s'y condense tout entière, abandonnant l'ampoule A qui redevient obscure, alors que la luminosité de l'ampoule B s'est augmentée.

L'émanation s'est donc bien comportée comme l'aurait fait une vapeur.

ÉMANATION ET RADIO-ACTIVITÉ

La présence de *l'émanation* est nécessaire pour provoquer la radio-activité, que le rayonnement seul est impuissant à produire : toute enveloppe solide qui arrête les gaz arrête aussi l'émanation et s'oppose au phénomène de la radio-activité induite. Au contraire, dans un espace clos où se trouve un corps radifère susceptible d'émettre l'émanation, celle-ci se porte *sur tous les corps sans exception* placés dans la même enceinte et les rend temporairement radio-actifs.

Si, dans une enceinte fermée, l'on a confiné l'émanation, et qu'on supprime dans cette enceinte la présence du corps radiant, l'émanation persiste mais *en décroissant d'intensité*. Cette décroissance est de 50 p. 100 en quatre jours si l'enceinte est fermée, de 50 p. 100 en une demi-heure si elle est ouverte à l'air extérieur.

Ajoutons qu'un sel de radium qui a été chauffé au rouge et refroidi possède une activité moindre qu'avant la chauffe, mais peu à peu il reprend son activité première. Le sel chauffé au rouge a perdu la propriété de produire la radio-activité induite ; mais, pour lui rendre cette propriété, il suffit de le dissoudre : il peut alors de nouveau activer les corps qui l'avoisinent.

On voit par là que, pour qu'un corps émette des rayons pénétrants, il n'est pas nécessaire qu'il soit lui-même radio-actif : il suffit qu'il ait été enfermé quelque temps dans un vase contenant en même temps une dissolution d'un sel de radium.

Mais le corps ainsi « activé » n'a pas un pouvoir rayonnant constant : son pouvoir diminuera avec le temps, tandis que le rayonnement des corps radio-actifs par eux-mêmes demeurera invariable.

Il faudra donc, dans la recherche des minerais de radium, apporter la plus grande circonspection pour ne pas tomber dans de graves erreurs et prendre pour radio-actifs des corps simplement *activés* par un contact de quelques heures avec du radium ou un de ses composés.

L'ÉMANATION RADIQUE CONTIENT DE L'HÉLIUM

Enfin, une propriété remarquable, découverte par sir W. Ramsay, confirmée par M. James Dewar et par le savant astronome français Deslandres, est que l'émanation du radium contient de l'*hélium*.

Qu'est-ce, d'abord, que l'*hélium*?

L'*hélium* est un corps simple nouveau découvert par le physicien anglais sir W. Ramsay. Comme beaucoup d'autres corps simples, c'est par l'étude des raies du spectre solaire qu'il a été caractérisé comme un élément nouveau, existant dans la chromosphère du soleil (d'où son nom d'*hélium*), existant aussi dans l'air atmosphérique dont il constitue environ *un millionième.* C'est un gaz très léger (8 fois plus que l'air) dont le spectre est caractérisé par plusieurs raies brillantes, que le physicien Lockyer avait observées dès 1866 dans l'atmosphère solaire, mais qu'il attribuait à un métal hypothétique.

Or voici ce qui se produit quand on étudie de près un récipient dans lequel on a, par refroidissement dans l'air liquide, condensé l'*émanation* du radium :

Les tubes remplis d'émanation sont radio-actifs ; toutefois ils perdent peu à peu leur activité ; celle-ci s'abaisse de moitié en quatre jours si le récipient qui contient l'émanation est parfaitement fermé. Au bout d'un temps suffisamment long, toute activité a disparu. Qu'est donc devenue l'émanation ?

Pour élucider ce dernier point, sir William Ramsay a fait, entre autres essais, l'expérience suivante :

Il a enfermé de l'émanation dans un tube où l'on pouvait faire passer des étincelles électriques que l'on peut étudier au moyen d'un spectroscope.

Au bout de deux jours, le spectre commençait à révéler la raie caractéristique de l'hélium.

Au bout de quatre ou cinq jours, l'hélium avait gagné en éclat, et, une semaine plus tard, le spectre de l'hélium se montrait brillant.

Était-ce, dit le professeur Ramsay, la réalisation vraiment suggestive d'un des rêves les plus anciens de l'humanité, c'est-à-dire la transmutation des corps ? Le problème n'est évidemment pas résolu, mais son énoncé ne comporte plus rien d'absurde.

Le même savant a calculé que, pour transformer le radium en hélium et rien autre, il faudrait au moins deux millions d'années et que, si l'hélium était seulement une des substances contenues dans le radium, le temps nécessaire serait proportionnellement moindre.

Sir W. Ramsay recherche actuellement quelle est la quantité d'hélium qui, dans les expériences, est sortie du radium, ce qui arrive dans cette transformation et le temps qu'elle exige. Les différents groupes des éléments faisant partie de la loi périodique de Mendéleef jouissent de propriétés similaires, lesquelles tendent à faire supposer que les éléments acceptés jusqu'ici comme tels ne sont pas des formes finales de la matière ; dans ces conditions, il pourrait arriver plus tard qu'ils fussent ramenés à un petit groupe de types plus simples. Il semble que les lois de l'univers s'approchent d'une vaste généralisation d'où il résulterait que les soi-disant « éléments simples » sont en réalité des composés de deux ou trois matières fondamentales.

Plus récemment, MM. Curie et Dewar ont examiné les gaz dégagés par le bromure de radium. Un échantillon de $0^{gr},4$ de bromure de radium pur desséché a été laissé, pendant trois mois, dans une ampoule de verre communiquant avec un petit tube de Geissler et un manomètre à mercure. Il s'est produit un dégagement de gaz à raison d'un centimètre cube par mois.

L'examen spectroscopique, au moyen du tube de Geissler, indiquait seulement la présence de l'hydrogène et celle de la vapeur de mercure. On peut admettre qu'en introduisant le sel dans l'appareil on a en même temps introduit une petite quantité d'eau et que celle-ci a été décomposée peu à peu sous l'influence du radium (Giesel). Cet échantillon de

Le Professeur sir W. Ramsay.

bromure de radium, transporté en Angleterre dans
le laboratoire de M. Dewar, chauffé au rouge dans
un tube de quartz, a dégagé de l'azote.

Le tube de quartz, contenant le bromure de
radium fondu, et privé de tous les gaz occlus, a été
scellé à l'aide du chalumeau oxhydrique, pendant que
l'on faisait le vide, et ramené à Paris. M. Deslandres
l'a examiné au point de vue spectroscopique (trente
jours environ après la fermeture du tube).

M. Deslandres a illuminé le tube par une bobine
de Ruhmkorff, à l'aide de deux petites gaines de
papier d'étain recouvrant extérieurement les deux
bouts du tube. Il a obtenu *le spectre entier de l'hélium ;*
il n'y a pas eu d'autres raies que celle de ce gaz
après une pose de trois heures avec un spectroscope photographique en quartz. Ce résultat est en
accord avec ceux obtenus par MM. Ramsay et Soddy
et il les confirme pleinement.

L'ÉMANATION EST UN GAZ

Enfin, sir W. Ramsay a fait mieux encore que
de constater spectroscopiquement la présence de
l'hélium dans l'émanation : il vient de la constater
matériellement, en démontrant le fait remarquable
suivant :

Il a fait dissoudre du bromure de radium dans
l'eau distillée et, en opérant dans un appareil de
verre, il a remarqué que cette eau était lentement
décomposée et qu'elle fournissait un mélange d'hydrogène, d'oxygène et de ce que l'on est convenu
d'appeler *l'émanation.* En se servant d'air liquide,

il a pu condenser l'émanation, et il a reconnu qu'
c'était un gaz qui suit la loi de Mariotte et qui possèd'
un spectre spécial dont il a déterminé les principale
lignes. Ce gaz, par ses propriétés et son spectre, s'
rapproche des gaz inertes de l'air, tels que l'argon e
le krypton. Ce nouveau corps gazeux se décompos'
lentement et, après plusieurs semaines, en augmen
tant de volume, il abandonne un résidu de ga
hélium.

Maintenant, quelle est, dans l'échelle des éléments
chimiques, la situation relative de l'*hélium* et du
radium ? Sont-ce deux corps qui ne diffèrent l'un
de l'autre que par le degré de condensation de la
matière, comme l'oxygène et l'ozone ? C'est là un
point encore obscur ; c'est un beau sujet de recherches pour les physiciens.

LA TRANSMUTATION DE LA MATIÈRE
EXPÉRIENCES DE SIR W. RAMSAY ET DE M. BORDAS

Nous avons dit plus haut que l'émanation, dans les
expériences du professeur sir W. Ramsay, s'était lentement transformée en *hélium* : l'illustre physicien
est allé encore plus loin.

Il a soumis à l'action prolongée de l'émanation du
radium une solution de sulfate de cuivre, et, au bout
d'un temps assez long, il a pu caractériser la présence,
dans son tube, d'un métal qu'il n'y avait pas mis : le
lithium. Etait-ce, cette fois, une « transmutation » de
cuivre en lithium ? Etait-ce ce rêve des alchimistes
réalisé ? En tout cas, la capitale expérience de sir
W. Ramsay a une importance qui n'échappe à personne : elle montre que la chose est « possible ».

Et voici que, dans un autre ordre d'idées, un chimiste français, le professeur Bordas, vient de faire une expérience où l'action du radium a changé l'aspect de pierres précieuses au point que des saphirs, des rubis, etc., se sont mués en corindons sous l'influence des émanations radiatives. Cette communication a jeté l'émoi dans le monde des joailliers et parmi nos belles mondaines, qui craignaient de voir déprécier leurs bijoux par l'annonce de la possibilité d'en reproduire artificiellement les pierres précieuses.

Mais la chose est, heureusement, moins grave, et la voici :

On sait que les pierres précieuses, rubis, saphirs, émeraude, du groupe des « corindons », sont à base d'alumine cristallisée, plus ou moins pure : leurs colorations sont dues à des traces de substances métalliques étrangères, à des oxydes différents, comme on le croyait jusqu'ici.

Mais M. Bordas, en soumettant à l'action d'un sel de radium un saphir et un rubis a vu, quand l'action se prolongeait, le saphir devenir vert d'abord, puis jaune ; le rubis devient successivement violet, bleu, vert, et enfin jaune : les gemmes sont donc ramenées à un état où elles ont moins de valeur, l'état de simple corindon. L'émotion doit donc se calmer d'autant mieux que le prix du radium rend l'opération, déjà désavantageuse par elle-même, extrêmement peu « commerciale ».

Quel est le mécanisme de cette apparente transmutation ? Il est, d'après M. Bordas, extrêmement simple.

A l'origine, toutes les pierres étaient rouges : c'étaient des rubis ; mais sous l'influence de la radioactivité que l'on sait, maintenant, avoir existé de

tout temps, elles se sont peu à peu décolorées : le
unes, suivant les circonstances de leur protectio
plus ou moins grande sont restées rouges ; d'autre
ont viré au bleu, d'autres au vert, d'autres au jaune
De sorte que les diverses colorations des gemmes n
seraient pas dues à des oxydes différents, mais bien
un même corps plus ou moins altéré par l'action plu
ou moins longue des rayons radifères. Remarquons
en définitive, que le fait annoncé par M. Bordas, n'
rien de surprenant, étant donné ce que nous savon
déjà sur le radium. Berthelot avait, dès le début de
la découverte, constaté les colorations successives du
verre sous l'influence des rayons radifères.

L'observation de M. Bordas est donc, si l'on peut
dire, un très « élégant fait divers » scientifique, fait
divers qui a eu le don d'émouvoir ceux et celles qui
prennent intérêt au commerce et au prix des pierres
précieuses.

Et d'ailleurs, pour rassurer les joailliers, remarquons que ces altérations se font toujours *dans le
sens de la dépréciation* des pierres : celles-ci conser-
veront donc leur valeur, et si d'un rubis cher on fait
un humble corindon, inversement nous n'en sommes
pas encore au point de transformer ledit corindon de
mince valeur en une précieuse émeraude ou en un
saphir de grand prix.

Mais de tout cela se dégage une vérité : c'est que,
au xxe siècle, le science va vite !

CHAPITRE VIII

L'ACTION DU RADIUM SUR LES ORGANISMES VIVANTS

En présence des propriétés extraordinaires du radium et des corps radio-actifs, on était en droit de s'attendre à ce qu'ils exerçassent des actions spéciales sur les tissus végétaux et animaux ; c'est, en effet, ce qui a lieu, et c'est ce qui permet d'entrevoir des applications médicales qui troublent quelque peu la raison.

LE RADIUM ET LA VISION

D'abord, il y a l'action sur les organes de la vision : elle est extraordinaire et presque miraculeuse.

Ainsi, si l'on vient à approcher de l'œil, dans l'obscurité, un fragment de radium *enfermé dans une boîte opaque*, on a la sensation d'une vive lumière : tous les liquides, toutes les substances qui constituent l'œil deviennent aussitôt phosphorescentes et provoquent ainsi l'impression lumineuse sur la rétine.

On a essayé l'expérience sur des aveugles : ils ont eu la sensation lumineuse tout comme les

voyants. Peut-être y a-t-il là le salut pour toute une
classe de déshérités, pour ces malheureux privés de
la vue, vraiment désarmés dans l'existence. Ce serait
une belle et noble application de la science pure que
de rendre la lumière à ceux qui sont condamnés aux
ténèbres par une infirmité réputée jusqu'ici incu-
rable.

Projetés sur les centres nerveux, les rayons du
radium provoquent la paralysie et la mort. L'expérience, heureusement, n'a pas été tentée sur des
êtres humains, mais sur des souris : le rayonnement radique agit rapidement et d'une façon mor-
telle sur les centres nerveux. La boîte crânienne
semble protéger efficacement le cerveau contre l'action
des rayons dangereux.

EXPÉRIENCES DU PROFESSEUR BOUCHARD

M. le professeur Bouchard a fait de nouvelles
expériences auxquelles il a procédé dans son laboratoire, en collaboration avec M. Balthazar et avec
le concours de M. Curie. Il s'agissait de déterminer exactement l'action physiologique du radium.
Des cobayes et des souris, renfermés dans un
récipient dont l'air était maintenu respirable par
un courant d'oxygène ont été soumis aux radiations
émises par une petite quantité de bromure de radium.
Ces animaux ont péri dans l'espace de six à huit
heures, tandis que des animaux témoins, placés dans
des conditions identiques mais à l'abri de l'action du
radium, se sont maintenus en parfaite santé. A
l'autopsie, on a reconnu que la mort était due à une

congestion des poumons ayant déterminé l'arrêt de l'appareil respiratoire. L'examen microscopique n'a rien révélé de particulier, sauf une diminution des globules blancs du sang. Enfin, tous les tissus et les divers organes avaient acquis des propriétés radio-actives, à tel point que *trois jours après la mort des animaux ils impressionnaient encore des plaques photographiques* à travers plusieurs doubles de papier noir.

LES BRULURES DU RADIUM

Les rayons du radium agissent énergiquement sur la peau ; M. Becquerel en a fait, à plusieurs reprises, la pénible expérience.

Ainsi, les extrémités de ses doigts, qui ont tant manié les tubes et les capsules renfermant les pro-duits actifs, sont devenues dures, blanches et très douloureuses : l'inflammation des extrémités des doigts a duré quinze jours et s'est terminée par la chute de la peau. Quant à la sensibilité douloureuse, elle a persisté pendant plus de deux mois. M. et Mme Curie ont éprouvé, eux aussi, des accidents du même genre.

M. Becquerel a été victime d'un autre genre de lésions.

Le 3 et le 4 avril 1901, il avait porté sur lui, dans la poche de son gilet, quelques décigrammes de chlo-rure de baryum radifère très actif (800.000 fois plus actif que l'uranium). La matière était enfermée dans un tube en verre scellé, de 20 millimètres de longueur et de 4 millimètres de diamètre, enveloppé de papier et enfermé dans une petite boîte de carton.

6

Le rayonnement du produit était assez intense pour provoquer la phosphorescence du platino-cya-nure de baryum *à travers tout le corps*. Le tout avait été, comme nous l'avons dit, mis dans la poche du gilet de l'illustre physicien et porté pendant une durée totale de six heures.

Le 13 avril, sans avoir ressenti aucune douleur, M. Becquerel s'aperçut que le rayonnement, passant au travers du tube de verre, de la boîte et des vête-ments, avait produit sur la peau une tache rouge ; celle-ci devint plus foncée les jours suivants, dessinant en rouge la forme oblongue du tube. Le 24 avril, la peau tombait et la partie attaquée se creusait et se mettait à suppurer. La plaie fut soignée pendant un mois avec du liniment oléo-calcaire, comme une brûlure ordinaire, et le 22 mai, c'est-à-dire quarante-neuf jours après l'action des rayons, la plaie se ferma laissant une cicatrice dans la région qui marquait la place du tube. Dans toute la région attaquée, la peau a subi une altération complète qui, *au bout de deux ans et demi*, est encore très marquée, figurant une partie plus blanche parsemée de marbrures rouges.

Pendant qu'on donnait des soins à cette brûlure, on vit apparaître, le 15 mai 1901, une seconde tache rouge oblongue, en regard de l'autre coin de la poche du gilet où avait été placée la matière active. L'action remontait, soit à la même date que plus haut, soit vraisemblablement au 11 avril, mais elle avait été de courte durée : une heure au plus. L'inflammation apparaissait donc *trente-quatre jours après* l'action excitatrice et se développait en prenant tout à fait l'aspect d'une brûlure superficielle. Le 26 mai, la peau commençait à tomber ; soignée comme la première, cette brûlure guérit rapidement en ne laissant sur la peau qu'une coloration brune et quelques filets rouges qui subsistent encore au bout de deux ans.

Cette action sur la peau a conduit certains médecins à tenter l'application du radium pour le traitement du *lupus* et du *cancer*. Il semble que, *dans certains cas*, on ait observé une amélioration. Mais les faits que nous avons rapportés plus haut montrent qu'il faut apporter la plus grande prudence dans le maniement du nouveau corps : s'il guérit certaines affections, il peut provoquer les accidents les plus graves, soit sur la peau, soit sur le système nerveux et il ne faut pas oublier que la devise de la médecine doit être : *primum non nocere,* avant tout ne pas être nuisible.

Cela ne veut pas dire qu'il ne faille pas travailler dans ce sens : d'éminents physiologistes, au premier rang desquels il faut citer le professeur d'Arsonval, membre de l'Institut, se sont attachés à ce travail. Entre de telles mains, on peut être sûr que le radium donnera tout ce qu'il pourra donner. Le savant académicien essaye, en ce moment même, d'étudier l'action physiologique de l'*émanation* radique, concentrée au maximum par refroidissement dans l'air liquide. Il injecte dans le sang des animaux des liquides saturés de cette émanation. Ce sont des recherches difficiles, appelées peut-être à d'immenses résultats.

LE RADIUM ET LES MICROBES

On pouvait se demander quelle serait l'action des rayons de radium sur les microbes. MM. Aschkinass et Caspari ont étudié leur effet sur les bactéries. Toutes les espèces sont arrêtées dans leur développement et quelques-unes, *comme le charbon*, peuvent être tuées dans certaines conditions. Il y a là une application dont l'importance n'échappera à personne.

Il faut aussi mentionner des expériences faites au Muséum, dans le laboratoire de M. Becquerel, par M. Matout, sur la germination des graines exposées au rayonnement du radium avant d'être plantées. Les expériences ont porté sur des graines de cresson et de moutarde blanche ; des graines, en nombre égal, étaient divisées en deux séries placées dans les mêmes conditions : l'une était exposée aux rayons radiques, l'autre servait de témoin.

Au bout d'une semaine d'exposition, on constata qu'*aucune des graines exposées au rayonnement du radium n'avait pu germer*, alors que les mêmes graines n'ayant pas subi l'influence radiante germaient dans la proportion de 8 sur 10.

Le rayonnement du radium détruit donc, dans les graines, la faculté de germer.

ACTION DU RADIUM SUR LES POISONS ANIMAUX

Les rayons émis par le radium exercent sur le venin de vipère une influence atténuante très marquée dont l'intensité dépend du temps et de l'activité du sel de radium. Des expériences très minutieuses, effectuées par M. C. Phisalix, ont porté sur du venin sec de vipère. Différentes solutions dans l'eau chloroformée ont été soumises pendant des temps variant de six à cinquante-huit heures aux radiations du radium.

Une portion de chacune de ces solutions est ino-culée à la même dose à des cobayes de même poids, en même temps qu'un témoin reçoit la même quan-tité du venin qui n'a pas subi l'influence du radium. Le témoin est mort en dix heures ; les autres cobayes inoculés avec des liquides soumis aux radiations ont vécu plus longtemps, quelques-uns même ont com-plètement résisté.

LA RÉÉDUCATION DES AVEUGLES PAR LES RAYONS DE BECQUEREL

Nous avons dit plus haut que les rayons émis par les sels de radium provoquent d'une façon très intense la phosphorescence des liquides contenus dans l'œil. Le Dr London a montré, après MM. Curie, Javal et d'autres, que les aveugles qui ont la rétine intacte sont sensibles aux rayons de Becquerel.

Les yeux qui ont perdu la vue par des altérations cornéennes sans complications capables d'anéantir les fonctions rétiniennes, et qui par conséquent, con-servent une bonne projection lumineuse, pourraient être rééduqués par les rayons de Becquerel.

Voici comment le Dr London procède :

Devant un écran au platino-cyanure de baryum activé par du radium, il place des figures découpées qui projettent leurs silhouettes sur la rétine.

Les sujets, placés dans une chambre obscure, dis-tinguent d'abord une surface lumineuse diffuse et informe, puis ils finissent par distinguer un trait horizontal ou vertical, puis des combinaisons de traits, puis des courbes et enfin des lettres et des ob-jets à contours tranchés, comme une clef, une four-

chette, etc., et ces aveugles semblent manifester une
joie intense à voir par leurs yeux des formes d'objets
qui leur sont familiers par le toucher seulement.

En résumé, nous possédons un nouvel agent,
dont l'action sur les organismes vivants est incon-
testable, et qu'il ne faut employer qu'avec la plus
extrême prudence. C'est toute une étude à faire, c'est
une branche de la physiologie et de la médecine à
créer de toutes pièces.

CHAPITRE IX

LES SUBSTANCES RADIO-ACTIVES DANS LA NATURE

La *pechblende*, si elle est aujourd'hui la source la plus abondante de sels radifères, est loin d'être la seule. On a, depuis quelque temps, constaté que beaucoup de substances naturelles émettaient des radiations actives.

Un savant anglais, M. J.-J. Thomson, a examiné un grand nombre d'échantillons d'eau des différentes parties de l'Angleterre. Dans presque tous les cas, il a trouvé la présence d'un gaz radio-actif analogue à l'émanation émise par les sels de radium.

Dans le but de trouver l'origine de l'émanation, il a examiné un grand nombre d'argiles, de graviers et de sables. La présence du radium y fut décelée dans la majeure partie des échantillons, du reste en quantité infinitésimale. La terre du jardin du laboratoire de M. J.-J. Thomson s'est aussi montrée radio-active. On a reconnu la présence du radium en plus grande quantité dans les sables du rivage de Whitby, dans le liais bleu de Whitby, dans le verre pulvérisé, dans un échantillon de silice précipitée. D'autres échantillons de silice n'en contiennent que des quantités inappréciables.

Un grand nombre de métaux usuels furent examinés. L'étain, le bismuth, le platine et le plomb dégagent une émanation radio-active.

En Allemagne, on a pu constater, par des expériences indiscutables et des mesures précises, que beaucoup d'eaux minérales naturelles étaient radio-actives; et, en Angleterre, M. Strutt a signalé récemment, dans les sources chaudes de Bath, la présence de l'émanation en quantité notable. Peut-être est-ce à cette présence que ces eaux doivent leurs propriétés curatives. Cette constatation est à rapprocher d'une importante découverte faite par M. Moureu, professeur à l'Ecole de pharmacie de Paris.

Le savant chimiste a démontré par l'expérience que toutes les eaux minérales étudiées par lui contenaient de l'hélium associé à des traces de radium. Ainsi se retrouve une fois de plus ce résultat étonnant de la présence simultanée des deux éléments qui, peut-être, n'en font qu'un seul, comme nous l'avons dit plus haut.

RADIO-ACTIVITÉ DE LA TERRE ET DE L'AIR ATMOSPHÉRIQUE

Les travaux des physiciens ont montré que l'air atmosphérique était toujours légèrement conducteur de l'électricité. Cette conductibilité semble due à des causes multiples. On peut, en effet, supposer que l'air est rendu conducteur par des radiations très pénétrantes qui traversent l'espace et dont l'origine nous est inconnue; il est aussi probable que tous les corps sont légèrement radio-actifs et que ceux qui sont à la surface du sol agissent pour rendre l'air qui les

entoure conducteur de l'électricité. On a fait une
étude très approfondie de ces phénomènes et l'on
peut admettre que l'air atmosphérique renferme toujours une très petite proportion d'une *émanation* analogue à celle émise par les corps radio-actifs.

On s'est demandé quelle pouvait être la nature de
la substance radio-active qui produisait cette émanation et en quel endroit elle se trouvait localisée. Il est
possible, en effet, que ce corps soit contenu dans l'air
lui-même et, dans ce cas, la source d'émanation est
inséparable de l'air, ou bien qu'il existe en dehors de
l'air et, dans ce cas, il devient nécessaire d'établir
par quelle voie l'émanation y parvient. Des physiciens ont fait une série d'expériences en vue d'élucider ces différents points et ils sont arrivés à ce
résultat important que la source de l'émanation ne
peut se trouver dans l'air lui-même.

Le siège du corps radio-actif semble être dans le sol.
Du reste, des faits déjà plus anciens avaient montré
que l'air des caves et des grottes contient une forte proportion d'émanation par rapport à l'air de la surface
du sol; dans ce cas il semble que l'émanation doive
provenir des parois ou du moins sortir par diffusion
du sol environnant. Cette conclusion a été pleinement
confirmée par l'expérience.

En effet, pour trouver de l'air riche en émanation,
il suffit d'enfoncer un tube à un mètre de profondeur
dans le sol et de soutirer à l'aide d'un aspirateur quelconque l'air qui s'y trouve. Comme des expériences
faites dans les lieux les plus divers l'ont prouvé, celui-
ci se montre toujours plus ou moins chargé d'émanations. C'est donc là, évidemment, la source de la
radio-activité des caves et des cavernes. C'est des

couches voisines du sol que l'émanation pénètre dar
les espaces souterrains.

RECHERCHE DES MATIÈRES MINÉRALES RADIO-ACTIVES

Indépendamment de la *pechblende*, nous connai
sons une trentaine de minéraux contenant, en quar
tité plus ou moins grande, de l'uranium ; il y a dor
chance qu'ils soient plus ou moins radio-actifs.

En outre, il est fort possible que des minéraux nc
uranifères soient cependant radio-actifs à un degr
quelconque. Il est donc essentiel de pouvoir étudier
radio-activité d'une substance quelconque.

On utilise à cet effet les propriétés essentielles d
corps radio-actifs. Les deux principales sont l'actic
sur les plaques photographiques et l'action sur l
électromètres chargés.

La méthode la plus pratique est la méthode phot
graphique, que tout le monde peut aisément mett
en œuvre.

Il suffit, pour cela de placer, *dans l'obscurité*, si
une plaque sensible enveloppée de papier noir por
éviter un contact direct, une quantité de minerai
essayer. On laisse le tout poser 2, 4, 6, 12, 24 heure
si c'est nécessaire, et l'on développe la plaque pa
la méthode ordinaire de la technique photographiqu
Si le minerai étudié est radio-actif, chacun de se
grains est marqué sur la plaque par une impressic
noire.

C'est, on le voit, une étude des plus simples ; el
est sûre et peut, certainement, conduire à la décot
verte de beaucoup de substances nouvelles.

TOUS LES CORPS SONT RADIO-ACTIFS

Selon toute probabilité, la radio-activité est une propriété commune à tous les corps de la nature; seulement, ils la possèdent à des degrés plus ou moins prononcés; c'est ainsi qu'en électricité il n'y a pas de corps *isolants* au sens absolu du mot; il n'y a que des corps plus ou moins conducteurs.

Ce qui rend probable cette hypothèse, c'est l'observation de fait qu'un électroscope, chargé dans les mêmes conditions, se décharge avec des vitesses inégales suivant la nature des parois de la cloche qui le recouvre : on attribue ce résultat à la radio-activité des parois elles-mêmes. La neige récemment tombée est radio-active.

Ainsi la radio-activité deviendrait une propriété générale de la matière.

CHAPITRE X

LES RAYONS N

Ce petit livre ne serait pas complet si, avant de le terminer, je n'y consacrais quelques pages à une nouvelle catégorie de radiations annoncées il y a cinq ans par M. Blondlot, professeur de physique à l'université de Nancy, et dont la description a, d'une façon toute particulière, excité la curiosité et provoqué justement les critiques du monde savant.

C'est en étudiant les rayons X que ce physicien affirme avoir trouvé des rayons qui émanaient du tube de Crookes *et qui n'étaient pas des rayons Rœntgen*. Les rayons X, en effet, ne se réfractent pas, ne sont pas déviés par le prisme, tandis que les nouveaux rayons (que M. Blondlot appela *rayons N* en hommage à la ville de Nancy) seraient susceptibles d'être concentrés au foyer d'une lentille d'aluminium.

D'après les affirmations de M. Blondlot et des physiciens qui ont travaillé la question, ces rayons traverseraient des planches de chêne de plusieurs centimètres d'épaisseur, des plaques d'aluminium épaisses de 3 centimètres; mais ils seraient arrêtés par l'eau, le papier mouillé, le plomb, le platine.

On met, d'après leur auteur, leur existence en év
dence par l'action qu'ils exercent sur une sourc
lumineuse faible dont ils augmentent l'éclat : pa
exemple, une étincelle électrique ou une minuscu
flamme de gaz, ou, comme nous le verrons plus loii
sur un écran fluorescent.

Où prennent naissance ces rayons N?
D'abord dans le tube de Crookes, où M. Blondl
les a découverts, mais on en trouve dans la lumiè
du bec Auer, dans la lumière solaire. Tous les cor
longtemps exposés au soleil en dégagent un peu
une brique ramassée dans la rue émet des rayons N
L'une des plus curieuses expériences décrites pa
M. Blondlot est la suivante : dans une chambre he
métiquement close, avec une fenêtre exposée a
soleil et fermée par un volet en chêne, on place,
un mètre de distance du volet, un tube de verre min
contenant du sulfure de calcium faiblement insol
Les rayons du soleil sont évidemment interceptés pa
le volet de chêne, mais les rayons N, eux, traverse
le bois et viennent aviver la phosphorescence du su
fure de calcium ; si l'on interpose entre le volet
le tube une feuille de papier mince et mouillée, ell
intercepte les rayons N, mais si elle a été trempé
d'eau salée, au lieu d'eau pure, les rayons N passen
Tous les corps comprimés en sont des sources :
bois, le verre, pendant leur compression, en émette
régulièrement. L'acier trempé, dont la matière a sub
par les trempes, une sorte de *contrainte*, est un
source de rayons N.

Les rayons N exercent sur l'œil, *toujours d'apr*

.**J.** *Blondlot*, une action curieuse : ils augmentent son acuité visuelle.

Ainsi, dans une chambre où se trouve une horloge à cadran blanc, il arrive un moment où, si l'on diminue graduellement la lumière, on n'aperçoit plus que le cadran sous forme de tache blanche, sans qu'on puisse distinguer les chiffres qui marquent les heures. Vient-on alors à approcher de l'œil une lime en acier trempé, source de rayons N? Aussitôt on recommence à distinguer les chiffres et les aiguilles! Seulement — et ceci est très important — le phénomène ne se produit que progressivement, au bout de quelques secondes seulement.

Il faut, de plus, avoir soin de ne faire aucun effort pour observer : il faut regarder naturellement, sans quoi l'œil se fatigue, on croit voir des variations d'éclat là où il n'y en a pas, et l'on n'obtient qu'un résultat négatif. *L'observation de ces phénomènes paraît très délicate* et exige un œil exercé et sensible.

Les rayons N, arrêtés par l'eau pure, traverseraient au contraire l'eau salée qui les emmagasine. Ce serait peut-être là une de leurs grandes applications dans la nature, étant donné que l'eau salée des océans recouvre les trois quarts de la surface de la terre.

Les rayons N illuminent le sulfure de calcium phosphorescent. C'est un moyen simple de manifester leur présence.

On colle quelques grains de sulfure de calcium sur un carton noir et l'on se place dans l'obscurité. Si l'on approche du carton un corps dégageant des rayons N, l'éclat du sulfure augmente rapidement. Il

suffit de *siffler* d'une façon aiguë pour augment[
l'éclat de la poudre phosphorescente : la compressi[
que l'air subit, du fait de la vibration sonore, suffi
paraît-il, à la production locale de rayons N. Cet[
expérience montre combien est délicate l'observati[
des rayons N : il est indispensable, dans toutes c[
recherches,, de ne pas parler haut, sous peine [
troubler l'expérience : c'est comme dans les séanc[
de spiritisme !!

LES RAYONS N ET LE CORPS HUMAIN

Nous arrivons à une manifestation vraiment st[
péfiante des rayons N ; je veux parler de leur présen[
dans le corps humain.

Prenons un carton recouvert de sulfure de calciu[
et excitons la luminosité de ce corps phosphore[
cent. Puis, mettons la main, ouverte naturellemen[
contre le carton.

Fermons alors le poing de façon à produire un[
contraction, un effort de la main : aussitôt, les ner[
émettent des rayons N et sur leur trajet la lumin[
sité de la plaque phosphorescente augmente : le tr[
jet des nerfs est alors dessiné en traits plus brillant[
que le fond.

Ces expériences, dues au D[^r] Charpentier, d[
Nancy, ont excité au plus haut point la curiosité [
l'intérêt du monde savant. Dès qu'elles furent annon[
cées, M. Mascart, professeur au Collège de France
est allé à Nancy, pour tâcher de constater l'exactitud[
des résultats annoncés par MM. Blondlot et Charpen[
tier. Toutefois, nous le répétons, ces expérience[
sont extrêmement délicates et *leur netteté est trè*

loin d'être comparable à celle des phénomènes de la radio-activité.

C'est ainsi que *beaucoup de savants, et non des moindres, n'ont jamais pu constater les variations d'éclat que les auteurs des rayons N ont annoncées* comme devant se produire sur le sulfure de calcium.

DIVERSES EXPÉRIENCES RELATIVES AUX RAYONS N

Cependant MM. Blondlot et Charpentier ont varié à l'infini les formes de leurs expériences, et les résultats qu'ils ont annoncés sont vraiment surprenants.

Ainsi, d'après ces expérimentateurs, une carte recouverte d'une couche de sulfure de calcium phosphorescent augmenterait d'éclat quand elle passe devant le cœur d'une personne vivante, source active de rayons N.

Appuie-t-on cette carte contre le front, sans penser à rien, elle a une certaine luminosité ; mais cette luminosité augmente tout à coup dans une très forte proportion si l'on se livre à un travail cérébral fatigant , comme, par exemple, l'extraction d'une racine cubique, ou la confection d'un sonnet compliqué, suivant que l'opérateur est littéraire ou scientifique (!!)

Mais, ce n'est pas tout : les rayons N, au dire des expérimentateurs nancéens, se propagent par un fil.

Ainsi, si l'on prend un fil métallique terminé par deux plaques d'aluminium, qu'on applique l'une de ces plaques sur le corps, qu'on enduise l'autre de sulfure de calcium, ce sulfure varie d'éclat sui-

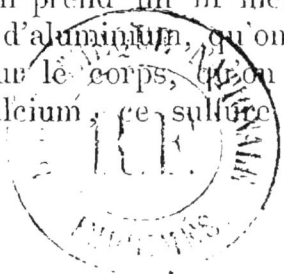

vant que la plaque, placée à l'autre extrémité
fil, passe devant des parties du corps plus ou moi
actives.

On imbibe une ficelle de sulfure de calcium et l'
suspend cette ficelle dans l'obscurité jusqu'à ce qu'e
ait perdu sa luminosité. Si, alors, on plonge une
ses extrémités dans un flacon contenant, en poudr
du sulfure de calcium vivement insolé, la ficelle s'ill
mine, paraît-il, sur toute sa longueur. Une rema
quable expérience à signaler aussi, c'est la contra
tion de la pupille ou sa dilatation suivant qu'
approche d'une vertèbre cervicale, ou qu'on en éloig
une source constante de rayons N. Tout cela, d'apr
les deux auteurs précités.

SOURCES DE RAYONS N

Pour les diverses expériences relatives a
rayons N, on peut employer des sources très dif
rentes.

Au premier rang, il convient de citer la lampe éle
trique Nernst, à incandescence dans l'air libre. C'e
au dire de M. Blondlot, la source la plus active d
nouvelles radiations.

Ensuite, vient le bec Auer ordinaire, servant
l'éclairage du gaz par incandescence, qui, au di
du savant nancéen, répand, lui aussi, des torrents·
rayons N.

Après cela, on peut considérer comme très éme
teurs de ces nouveaux rayons tous les corps qui o
subi une trempe ou une compression.

Les larmes bataviques sont, paraît-il, une sour
abondante et facile à manier, des radiations dont

s'agit ; les limes d'acier trempé en rayonneraient également des quantités considérables : c'est la source la plus ordinairement employée par ceux qui se livrent à ce genre d'expériences.

DIFFICULTÉ DE L'OBSERVATION DES RAYONS N

Comme nous l'avons déjà fait observer, les rayons N, ainsi que les phénomènes qui en dépendent sont d'une observation délicate, et il faut, dans toutes ces expériences, se méfier énormément de l'*auto-suggestion*, c'est-à-dire du fait que l'on *croit* voir se produire l'impression d'une visibilité plus grande de l'objet qu'on fixe avec attention, alors qu'on *désire* voir cette visibilité augmenter.

A Nancy, dans le laboratoire de M. Blondlot, peu de personnes, paraît-il, sont rebelles à la constatation des résultats que nous avons décrits : presque tout le monde voit.

Cependant, je dois à la vérité d'ajouter qu'*à Paris, dans les laboratoires où l'on a voulu répéter les expériences relatives aux rayons N, très grand est le nombre d'observateurs qui n'ont rien pu voir, tout au moins en se gardant de l'auto-suggestion.*

On a, de tous côtés, cherché à répéter ces expériences, et ceux qui ont pu voir ces rayons affirment avoir obtenu des résultats aussi extraordinaires qu'inattendus.

C'est ainsi que l'on a annoncé que les anesthésiques ordinaires, comme le chloroforme ou la cocaïne, paralysaient l'action des rayons N : si le fait est exact, on voit quelle remarquable parenté pourrait exister entre cette découverte et les actions insensibilisantes de ces substances sur le corps humain. On a dit également que les métaux transparents pour ces radiations avaient la singulière propriété de devenir opaques lorsque leur surface est anesthésiée par le chloroforme ou par l'éther. Pour expliquer ce curieux phénomène, on a émis l'hypothèse de deux éléments constitutifs dans les rayons N, dont l'un, analogue à la lumière, se propagerait avec la même vitesse, et dont l'autre, moins rapide, serait seul arrêté par les métaux anesthésiés.

Ce n'est pas tout encore : on a annoncé, en outre, que l'accroissement de visibilité des surfaces faiblement éclairées soumises à l'action des rayons N n'est pas due à une augmentation réelle de luminosité, mais à une émission de rayons N par ces surfaces. Ces rayons N accompagnent les rayons lumineux jusque sur la rétine où ils produisent un accroissement de sensibilité de la vue. Si, en effet, on interpose, entre l'écran éclairé et l'œil, une lame d'eau qui arrête les rayons N sans arrêter la lumière, on n'observe aucune différence de luminosité. L'eau salée, au contraire, transparente pour les rayons N, n'empêche en rien l'observation des changements d'éclat.

MODE D'OBSERVATION DES RAYONS N

D'après cela, il faut avoir, pour accuser la présence des rayons N, une surface faiblement éclairée, dont la visibilité augmente avec l'émission de ces rayons. La substance qui se prête le mieux à ces expériences est le *sulfure de calcium phosphorescent*, en poudre fine, étalé en couche mince et continue sur une feuille de carton.

A cet effet, on fait une bouillie claire avec du sulfure en poudre et du collodion, on éclaircit cette
bouillie en y ajoutant quelques gouttes d'éther, puis,
avec un pinceau, on en étend une couche sur un carton. Quand cette première couche est sèche, on en
étend une seconde, puis une troisième, jusqu'à ce
que l'on observe, après une exposition à la lumière
du jour, une luminosité violette continue. On voit, en
somme, que la préparation de ces écrans se fait par

Fig. 9.
Dispositif pour l'observation des rayons N.

le procédé qui sert à faire un lavis à l'encre de Chine
par couches successives.

Voilà pour les écrans continus. Mais beaucoup
d'observateurs préfèrent observer la visibilité du sulfure de calcium sous une forme différente de celle
d'un écran continu.

Tantôt on fait simplement à l'aide d'un pinceau,
une tache ronde unique, de sulfure de calcium sur
un morceau de carton ; on observe le plus ou moins
de netteté apparente des bords de cette tache dans
l'obscurité, suivant qu'on la soumet ou non à l'action
des rayons N (fig. 9).

Tantôt, au contraire, on dispose, non plus une, mais
plusieurs taches en chapelet sur une bande de car-

ton. On les expose au soleil et on les transporte dans
l'obscurité où elles émettent une lueur violette faible,
assez faible pour que, écartées à une certaine distance
de l'œil, on cesse de les distinguer séparément, pour
ne plus voir qu'une bande violette vague et continue.
Si alors on soumet la bande de carton à l'action d'une
source de rayons N, on recommence à distinguer les
taches les unes des autres. Ce dispositif est, paraît-il,
excellent (fig. 10). M. Blondlot emploie, non plus une
ligne de taches, mais plusieurs lignes qui forment
ainsi une sorte de quinconce.

Fig. 10.
Autre dispositif pour l'observation des rayons N.

Un troisième mode d'observation est le suivant :
sur un écran de sulfure de calcium, préalablement
isolé, on pose un objet opaque, une clef, par exemple.
On s'écarte alors jusqu'à ce que les contours de la
clef, qui se détachent en noir sur l'écran faiblement
lumineux, n'apparaissent plus que confusément. Leur
netteté doit reparaître, si l'on soumet le tout à l'action
des rayons N.

Enfin, une disposition différente peut encore être
employée (fig. 11).

De chaque côté d'une large et épaisse lame de
plomb, on dispose deux écrans identiques : l'un soumis
à l'action des rayons N, l'autre préservé de cette
action par la cloison de plomb séparatrice.

On place l'œil en un point d'où l'on puisse voir à la fois les deux écrans : la comparaison de leurs éclats peut alors se faire aisément.

Tels sont les divers dispositifs que chacun peut aisément réaliser. Il est à souhaiter que le plus grand nombre possible d'expérimentateurs répètent ces expériences, car *l'existence des rayons N*, dont on a tant parlé et dont on parle tant encore *est non seulement discutée, mais encore absolument contestée par beaucoup de savants français et étrangers.* Il est désirable que des observateurs, ayant vu les phénomènes, indiquent les améliorations à apporter au mode d'observation pour le rendre plus probant, et surtout plus indépendant des impressions personnelles.

Ce que l'on peut regretter, c'est l'absence d'actions *matérielles* produites par les rayons N ; alors que les rayons X, que les rayons émis par les corps radioactifs, impressionnent les plaques photographiques et laissent ainsi la trace de leur existence, les rayons N sont sans action sur le gélatino-bromure d'argent. La grande question à résoudre, c'est donc de chercher un *réactif* des rayons N, un corps qui soit affecté par eux, modifié dans son aspect d'une façon durable : alors, il n'y aura plus de discussions possibles, tandis que *jusque-là on peut légitimement douter de l'existence même des rayons signalés par M. Blondlot.*

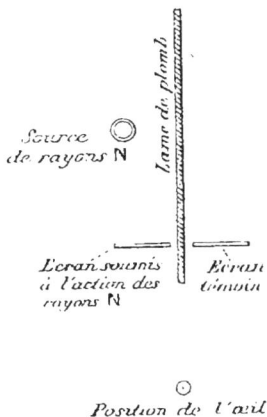

Source de rayons N

Lame de plomb

Écran soumis à l'action des rayons N

Écran témoin

Position de l'œil

Fig. 11.

LES RAYONS N_1

Il est impossible de passer sous silence une communication que M. Blondlot a faite à l'Académie des sciences, le 24 février 1904, et qui indique l'existence d'une nouvelle série de radiations ; les rayons N_1, qui, au lieu d'augmenter l'éclat d'une source lumineuse faible, diminueraient, au contraire, cet éclat.

Ces rayons existent concurremment avec les rayons N, dans l'ensemble des radiations émises par la lampe Nernst. M. Blondlot les a observés en étudiant le spectre de ces radiations, dispersé par un prisme d'aluminium, et en explorant ces spectres à l'aide d'une fente étroite garnie de sulfure de calcium. Il a constaté que, dans certaines directions, l'éclat de la fente augmentait : ce sont les rayons N, mais que, dans d'autres, il diminuait ; ce dernier résultat était dû à l'action des rayons qu'il appelle rayons N_1.

Certaines sources semblent émettre exclusivement des rayons N_1 : les fils de cuivre, d'argent, de platine étirés, par exemple. Les rayons N_1 s'emmagasinent, comme les rayons N d'ailleurs, dans un morceau de quartz. Certaines réactions chimiques émettent des rayons N_1. C'est ainsi que, en étudiant l'action de l'eau de baryte sur les surfaces métalliques, on a pu constater que l'émission de rayon N_1 différait selon que l'on verse la baryte dans le sel ou selon que l'on ajoute le sel à l'eau de baryte. On a conclu de ce fait que deux réactions chimiques différentes correspondent à ces deux modes opératoires.

En résumé, nous sommes en présence d'une série de phénomènes nouveaux, et dont l'existence n'est pas absolument établie. Cette existence n'a pas de manifestations *objectives* : elle n'est que *subjectivement* démontrée par la sensation personnelle de l'observateur.

Dans ces conditions, et jusqu'à ce qu'on ait trouvé un *réactif* du rayon N, *l'ensemble des expériences annoncées ne repose pas sur des bases suffisantes pour constituer un chapitre nouveau de la physique, et l'on est en droit, faute de vérifications expérimentales suffisamment nettes, de mettre légitimement en doute l'existence et les propriétés des rayons N.*

CHAPITRE XI

ORIGINE DE L'ÉNERGIE DU RADIUM. — APPLICATIONS DU RADIUM

Nous avons exposé, dans les chapitres précédents, l'histoire du radium, en nous maintenant dans le domaine exclusif des faits observés, des résultats bruts de l'expérience, sans nous laisser entraîner par des digressions théoriques.

Mais maintenant que nous avons vu les troublantes propriétés du nouveau corps, maintenant que nous avons exposé les manifestations inattendues de son énergie qui semble inépuisable, nous pouvons, nous devons nous demander s'il y a quelque explication possible à donner de ces énigmatiques manifestations.

Deux hypothèses principales peuvent être proposées pour cela.

Dans la première, on imagine, comme Mme Curie, que « tout l'espace est constamment traversé par des rayons analogues aux rayons X, mais beaucoup plus pénétrants, et ne pouvant être absorbés que par certains éléments comme l'uranium, le thorium, le radium, éléments dont le *poids atomique* est considérable. L'énergie serait ainsi empruntée à un rayonnement cosmique ou solaire, et les corps actifs la transformeraient, absolument comme le verre transforme les rayons cathodiques en rayons X. »

Dans l'autre hypothèse, c'est l'atome lui-même qui serait le siège d'une production d'énergie. L'origine de l'énergie rayonnée serait une destruction moléculaire de la matière elle-même. Cette destruction, qui pourrait mettre en jeu des quantités d'énergie considérables aurait lieu soit spontanément, en vertu d'une propriété physique nouvelle, soit sous l'influence d'une intervention extérieure.

Le phénomène serait une sorte d'évaporation ou de pulvérisation, comparable à la production des odeurs que certains corps émettent sans que l'on puisse, même au bout d'un temps assez long, constater une diminution appréciable de leur poids ; et l'*émanation* serait comparable à un gaz transportant une odeur.

Dans cette dernière hypothèse, on aurait quelque chose d'analogue à ce qui se passe dans certaines combinaisons chimiques qui ont exigé, pour se former, une quantité de chaleur considérable et qui la dégagent en se décomposant.

L'atome des corps radio-actifs ne serait pas donc invariable, et l'on serait ainsi conduit à admettre qu'il se détruit par une sorte d'explosion. Les *débris* seraient en partie de la matière inerte, en partie des particules extraténues qui constitueraient les diverses espèces de rayonnements.

L'hypothèse de la destruction permanente de l'atome se présente donc naturellement pour justifier l'émission des matières corpusculaires.

Toutefois, il est intéressant de rappeler ici une hypothèse inverse, imaginée par M. Filippo Re et présentée à l'Académie des sciences le 8 juin 1903.

L'auteur assimile les atomes matériels à de petits systèmes planétaires : ils ne seraient autres que des groupements dont les éléments obéissent aux lois de la gravitation universelle, lois qui régissent les mouvements et la position des astres dans le ciel. Il constate que l'énergie qu'il a fallu dépenser à l'origine, pour constituer ces groupements, a dû être énorme, si l'on en juge par l'impossibilité où nous sommes de les détruire. Dans ces conditions, les atomes de matière inerte, comme le cuivre, le plomb, l'argent, le zinc..., seraient des soleils éteints, tandis que les atomes radio-actifs : radium, thorium, uranium, seraient, au contraire, des soleils en pleine activité subissant une condensation progressive, condensation qui dégagerait ainsi l'énergie observée dans le rayonnement de ces nouveaux corps.

Cette conception est grandiose et fort belle : elle présente l'intérêt magistral qui s'attache aux tentatives que l'esprit humain peut et doit faire pour ramener à une loi unique l'atome, monde infiniment petit, et l'univers, monde infiniment grand.

L'AVENIR DU RADIUM

Et maintenant, demandons-nous, pour terminer, quelles sont les applications possibles du radium et des corps radio-actifs.

On est ébloui quand on voit les chiffres qui traduisent l'énorme rayonnement de ces corps, et, à la première impression, on entrevoit tout de suite des

automobiles, des trains de chemins de fer, des trans-
atlantiques lancés à travers le monde avec une vitesse
foudroyante, animés qu'ils seraient par la formidable
énergie dégagée par le radium.

Nous n'en sommes pourtant pas encore là.

D'abord, le prix extrêmement élevé du radium
s'oppose à toute application industrielle ; puis, le
rayonnement du radium se fait lentement : témoin les
brûlures qu'il occasionne et qui n'apparaissent que
longtemps après. Il n'est donc pas encore près de
remplacer nos combustibles industriels ou la puissance de nos chutes d'eau.

Mais ses applications scientifiques sont considérables.

D'abord, ses applications à l'étude des phénomènes
de la vie, peut-être à la guérison de certaines maladies ou à la destruction de microbes dangereux, lui
assignent une place de premier ordre parmi les découvertes récentes.

L'importance générale du radium est d'un ordre
très élevé : elle tient à ce qu'il va orienter la physique
dans une voie tout à fait nouvelle.

Il va falloir reviser les lois connues, en chercher
d'autres, peut-être va-t-on être ainsi conduit à la découverte de forces physiques insoupçonnées. En tout
cas, des phénomènes nouveaux sont et seront encore
trouvés par des savants ; et l'on sait que chaque fois
que la science pure fait un pas en avant, les applications suivent de près, et le bien-être général de l'humanité tout entière s'en trouve aussitôt augmenté.
L'histoire du siècle écoulé est là, qui apporte la preuve

de ce que je viens d'énoncer, par sa vapeur, ses chemins de fer, son électricité.

Ayons donc confiance. La route de la science, si droite jusqu'ici, est arrivée à un tournant brusque. Où mène ce tournant ? nous n'en savons rien au juste, mais il mène dans des régions inexplorées où nous avons tout à conquérir.

Et chaque conquête nouvelle, dans ces régions inconnues de la science de demain, augmentera la dette de reconnaissance que nous avons contractée envers les savants français qui s'appellent Becquerel et Curie.

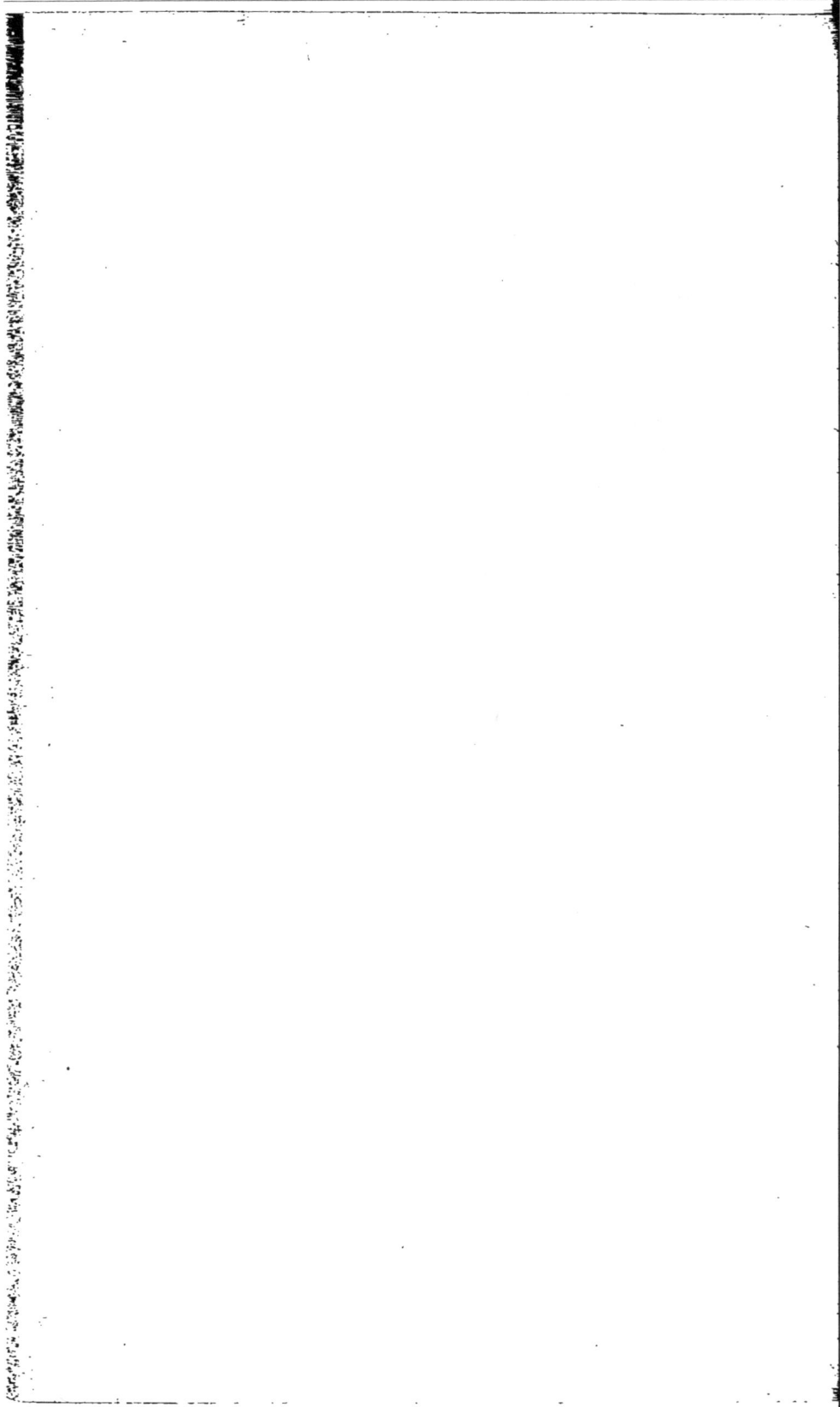

CHAPITRE XII

CONSIDÉRATIONS THÉORIQUES SUR LA NATURE
DE L'ÉMISSION DES CORPS RADIO-ACTIFS

Nous venons de résumer brièvement les hypo-thèses auxquelles avait donné lieu la découverte du radium au point de vue des sources d'énergie aux-quelles ce corps emprunte son activité ; nous allons, ici, donner quelques détails sur les hypothèses que l'on a faites au point de vue de la *nature* de l'émis-sion radio-active.

Remarquons d'abord que l'émission de rayons par les corps radio-actifs constitue, jusqu'à présent, le *seul phénomène abordable* par l'expérimentation ; et encore, toutes ses manifestations ne nous sont-elles pas connues, selon toute probabilité.

L'expérience nous montre que dans l'*émission totale* on doit distinguer deux phénomènes : le *rayonnement* et l'*émanation*.

Comme nous l'avons vu, le premier se compose lui-même de différentes parties qui sont presque com-plètement identifiées avec les divers rayons observés dans les décharges électriques au travers de gaz raré-fiés. Le second ne paraît, jusqu'ici, avoir d'analogie avec aucun phénomène connu.

8

NATURE DU RAYONNEMENT

Le rayonnement des corps radio-actifs se manifeste, ainsi que nous l'avons expliqué dans un chapitre précédent, sous trois formes que l'on est convenu de désigner sous les symboles de *rayons* α, *rayons* β, *rayons* γ.

Les rayons α paraissent assimilables à ces radiations qui se produisent en arrière de la cathode, dans les tubes à gaz raréfiés, et auxquelles les physiciens ont donné le nom de *rayons-canaux* (*Kanalstrahlen* en allemand).

Les rayons β sont identiques à des rayons cathodiques et les rayons γ se comportent comme des rayons X très pénétrants.

Dans les tubes à gaz raréfiés, les décharges électriques font naître des rayons cathodiques et des rayons-canaux, et les rayons cathodiques, eux-mêmes, donnent naissance aux rayons X. On sait aussi grâce aux belles découvertes de M. le professeur Sagnac, que les rayons X provoquent un rayonnement secondaire formé d'une partie non déviable par un champ magnétique et d'une partie déviable transportant des charges électriques négatives.

L'association des rayons α, β, γ, dans le rayonnement des corps actifs n'a donc rien qui doive nous surprendre.

Il convient de remarquer que les rayons γ se rencontrent dans le rayonnement de tous les corps actifs, même lorsque ceux-ci manifestent isolément l'une des espèces de rayons déviables à l'exclusion de l'autre.

L'une des hypothèses les plus vraisemblables consiste à regarder les rayons X et, par suite, les rayons γ, comme des impulsions de l'éther ne constituant pas des ondes régulières. D'autre part, nous avons dit que l'une des hypothèses que l'on peut faire sur la radioactivité était de considérer le phénomène, et en particulier les rayons α et β, comme les effets d'une série d'explosions atomiques ; dans cet ordre d'idées, il semble naturel que ces explosions, se succédant à des intervalles inégaux, ne donnent pas naissance à des régimes d'ondulations régulières.

NATURE DES RAYONS β; ÉLECTRONS ET CORPUSCULES

La partie des rayonnements dont l'étude a été la plus complète est la partie β ou partie cathodique.

On peut rendre compte de ses propriétés dans leurs moindres détails en considérant un faisceau cathodique comme constitué par de petits corps transportant de l'électricité négative. Ces *corpuscules*, comme les appelle M. J.-J. Thomson, ou ces *électrons*, suivant l'expression de M. Lorentz, ont été considérés comme des parcelles de matière ordinaire dont les masses seraient mille fois plus petites que celle de l'atome hydrogène.

Qu'est-ce qu'un *électron? C'est une charge électrique qui se déplace sans être liée à une masse matérielle*, ou, du moins, la masse matérielle qui l'accompagne est mille fois plus faible que celle qui constitue l'*ion,* élément primordial déplacé dans le phénomène de l'électrolyse; cette masse semble même, parfois, se réduire à zéro.

On est ainsi conduit à attribuer à l'électricité une

structure atomique, comme à la matière, même dans l'intérieur des conducteurs métalliques. Par suite, le mouvement d'un électron qui se déplace sans entraîner avec lui de particules pondérables implique l'existence d'une énergie qui n'est pas solidaire de la matière.

Cette théorie corpusculaire, ou « théorie balistique », a été féconde par les expériences qu'elle a provoquées. Dans cette théorie, la transmission des rayons cathodiques, qui traversent les corps solides en conservant leurs charges électriques, devient comparable au passage d'un flux de poussières à travers un treillage de fils de fer entre-croisés. Les masses les plus faibles et les plus rapides doivent passer avec facilité, tandis que les plus grosses doivent être plus facilement retenues, c'est-à-dire être plus absorbables. Quant aux rayons secondaires, ils pourraient être considérés comme constitués par la matière entraînée ou pulvérisée par les projectiles cathodiques.

Il importe de remarquer que *l'existence des corpuscules ou des électrons n'est qu'une hypothèse*, tandis que *le transport d'électricité par les rayons cathodiques est un fait matériel*, rigoureusement vérifié.

Les électrons ne semblent pas devoir être considérés comme répondant à la matière ordinaire sous les états que nous lui connaissons. Sir W. Crookes, l'initiateur de ces idées nouvelles, dont il fut, il y a trente ans, le promoteur éclairé, considérait ces corps comme un quatrième état de la matière, la *matière radiante*, comme il l'appelait, et cette matière radiante, support des charges électriques transportées, serait identique avec les corpuscules ou les électrons.

Il résulte de ces diverses considérations que, si, par le fait du rayonnement, les corps actifs subissaient une perte de poids, celle-ci paraît devoir être tellement faible qu'elle échapperait à nos moyens de mesure ; or l'expérience confirme ce raisonnement, car nous avons vu que, depuis dix années que nous connaissons les sels de radium, aucune perte de poids n'a pu être constatée pour ce corps.

Le rayonnement, en rencontrant les corps environnants et en y pénétrant, s'y transforme et provoque les effets calorifiques, chimiques et lumineux.

Une partie du rayonnement peut même être transformée sur place, à sa naissance, par les matières radio-actives elles-mêmes ; la phosphorescence spontanée des sels de radium, phosphorescence accompagnée des bandes spectrales de certains gaz, et une partie au moins de la chaleur dégagée peuvent être attribuées à cette absorption.

Les effets de l'émanation ont été très complètement étudiés par M. et Mme Curie, et par M. Rutherford. Ce phénomène paraît être intimement lié à la présence de la matière.

M. Becquerel, en 1901, a émis l'hypothèse suivante :

Il y aurait, dans les corps radio-actifs, deux sortes de particules de différentes grosseurs, les unes mille fois plus petites que les autres. En se séparant, les plus petites emporteraient des charges négatives et prendraient des vitesses énormes qui leur permettraient de traverser les corps solides ; ce seraient les rayons β. Les autres, de dimensions plus grosses, dont les masses seraient de l'ordre de grandeur des *ions* électrolytiques, seraient animées de vitesses beaucoup moindres; de ces dernières, une partie chargée positivement fournirait les rayons très absorbables ou rayons α, l'autre ne traverserait pas les solides et constituerait l'émanation, en se comportant comme une sorte de gaz qui formerait sur tous les corps, excepté sur ceux qui sont électrisés positivement, un dépôt matériel. On expliquerait ainsi les phénomènes de radio-activité induite, l'identité temporaire du rayonnement des corps activés et des corps activants, et l'identité de l'induction sur les divers solides, quelle que soit leur nature.

. Ce dépôt de matière serait capable de se diviser à son tour en particules plus petites qui traverseraient le verre, donnant des rayons déviables et non déviables observés avec les substances induites, et ce serait par suite de cette subdivision moléculaire que la radio-activité induite se dissiperait même au travers d'une enveloppe de verre.

HYPOTHÈSE DE M. CURIE

M. Curie a puisé dans ses beaux travaux l'opinion qu' « il n'y a pas actuellement de raisons suffisantes pour admettre l'existence d'une émanation de la matière sous la forme atomique ordinaire ».

M. Curie définit l'émanation comme étant « l'énergie radio-active émise par les corps radio-actifs sous la forme spéciale sous laquelle elle est emmagasinée dans les gaz et dans le vide »; il propose la théorie suivante de la radio-activité :

« Le radium n'émet pas par lui-même de rayons Becquerel : il n'émet que de l'émanation. Dans les sels de radium solides, l'émanation, ne pouvant s'échapper, se transforme sur place en rayons Becquerel ; au contraire, dans le cas d'une dissolution placée dans une enceinte fermée, l'émanation se répand dans l'enceinte et provoque la radio-activité des parois : le rayonnement est ainsi *extériorisé*. »

Examinant ensuite quel est le *support* de l'énergie qui constitue l'émanation, M. Curie signale les trois manières de voir suivantes : soit admettre avec M. Rutherford que le radium émet un gaz qui sert à transporter l'émanation ; soit attribuer ce rôle au gaz environnant ; soit enfin supposer que l'émanation n'a pas pour support la matière ordinaire et qu'il existe des centres de condensation d'énergie situés entre les molécules des gaz et qui peuvent être entraînés avec eux.

M. Debierne a repris et développé l'hypothèse des centres d'énergie ou *ions activants,* à l'occasion d'une étude qu'il a faite sur l'activité induite par les sels de l'*actinium* qu'il avait découvert. Cette hypothèse rend compte des différences que l'on observe dans le vide entre la diffusion de l'activation produite par l'actinium et celle produite par le radium.

M. Debierne a montré, en outre, que l'action d'un champ magnétique agit sur les causes de l'activation, et il attribue cette cause à un rayonnement nouveau qui aurait la propriété de rendre temporairement actifs les corps qui le reçoivent.

Il y a lieu d'attendre de nouvelles expériences avant de pouvoir se prononcer sur la valeur de cette dernière hypothèse.

CONCLUSIONS

Dans tous les cas, l'étude de l'émission des corps radio-actifs, soit par rayonnement, soit sous forme d'émanation, nous amène à concevoir la matière dans un état différent de l'état atomique ordinaire.

Les *électrons*, tels que les a imaginés M. Lorentz dans sa belle théorie électro-magnétique de la lumière, paraissent répondre à cette conception, et ce rapprochement établit un lien nouveau entre les phénomènes de la radio-activité et les causes qui donnent naissance aux phénomènes électriques, électro-magnétiques et lumineux.

Et, de cette façon, prend de plus en plus sa place dans la science cette conception de la matière radiante émise, il y a plus de trente ans, par l'éminent physicien anglais, sir W. Crookes, dont les travaux furent le point de départ de toute cette physique nouvelle.

Aussi avons-nous pensé qu'on ne pouvait mieux terminer l'exposé de ces considérations théoriques qu'en résumant la belle conférence que l'illustre savant a faite, il y a quatre ans, au congrès de Berlin, et dans laquelle il rappelle, et son *rêve* d'il y a quelques dizaines d'années, et la *réalisation* de ce rêve par les nouvelles découvertes.

Nos lecteurs trouveront dans cette magistrale causerie du « Père de la Physique moderne » le résumé de toutes les conceptions nouvelles sur la constitution de la matière.

CHAPITRE XIII

CONFÉRENCE DE SIR W. CROOKES AU CONGRÈS DE CHIMIE APPLIQUÉE, A BERLIN, EN JUIN 1903 [1]

LES IDÉES MODERNES SUR LA MATIÈRE

Il y a bientôt un siècle que les hommes qui se consacrent à la science rêvent d'atomes, de molécules, et se livrent à des hypothèses sur l'origine de la matière ; et voilà qu'à l'heure actuelle ils vont jusqu'à admettre la possibilité de résoudre les éléments chimiques en des formes de matière plus simples encore, ou même jusqu'à ne voir en eux que des vibrations de l'éther ou de l'énergie électrique.

Écartons la notion de mystères impénétrables. Un mystère est un problème qu'il faut résoudre, — *et l'homme seul peut se rendre maître de l'impossible.* Un nouvel et splendide élan a été donné. Nos physiciens ont refondu leurs théories sur la constitution de la matière et sur la complexité et même la décomposabilité des éléments chimiques. Pour montrer jusqu'où nous avons été entraînés sur cette voie étrange et nouvelle, quelles éblouissantes merveilles

---

1. Cette conférence a paru, en français, *in extenso*, dans le Bulletin de la Société astronomique de décembre 1903.

surprennent le chercheur sur sa route, il nous suffira
de rappeler : le quatrième état de la matière, la genèse
des éléments, la dissociation des éléments chimiques,
l'existence de corps plus petits que les atomes, la
nature atomique de l'électricité, la perception des
électrons, sans parler d'autres merveilles qui déjà
surgissent à l'horizon et qui sont fort éloignées des
sentiers battus ordinairement par la chimie.

C'est seulement au siècle dernier qu'on osa avancer
pour la première fois qu'il était possible que les
métaux fussent des corps composés, et ce fut dans
une conférence faite en 1809 par sir Humphry Davy
à la Royal Institution. Dans cette conférence mé-
morable, amené à considérer comme possible l'existence de quelque substance commune à tous les éléments, le grand chimiste ajoutait : « Si de telles
généralisations venaient à se vérifier par des faits, il
en résulterait une philosophie nouvelle, à la fois
simple et grande. Les substances matérielles dans
toute leur diversité pourraient être conçues comme
devant leur constitution à deux ou trois espèces de
matière pondérable combinées en quantités différentes. »

En 1811, il disait encore : « On essayerait en vain
de s'imaginer les conséquences qu'entraînerait un
progrès dans la chimie tel que la décomposition et la
composition des métaux... C'est le devoir du chimiste
d'être audacieux dans la poursuite de son but. Il ne
doit pas considérer les choses comme impossibles par
cette seule raison qu'elles n'ont pas encore été faites.
Il ne doit pas les regarder comme déraisonnables
parce qu'elles sont en désaccord avec l'opinion commune. Il doit se rappeler combien la science est quel-

quefois contraire à ce qui semble être l'expérience...
Rechercher si les métaux peuvent être décomposés
et composés, c'est là un but magnifique et vraiment
philosophique. »

C'est vers 1809 que Davy le premier se servit du
terme *matière rayonnante*, mais il l'appliquait surtout à ce que nous appelons maintenant radiation. Il
l'employait aussi dans un autre sens, dans le passage
suivant, par exemple, où il prévoit clairement le
moderne électron : « *Si des particules de gaz étaient
mises en mouvement dans l'espace avec une vitesse
presque infiniment grande*, en d'autres termes, si
on les faisait devenir de la matière rayonnante, *elles
pourraient produire les différentes espèces de
rayons, distingués par leurs effets particuliers.* »

Dans ses conférences à la Royal Institution, en
1816, *sur les propriétés générales de la matière*, un
autre précurseur, Faraday, s'exprimait à peu près
dans les mêmes termes : « Si nous concevons un
changement qui aille au delà de la vaporisation, autant que celle-ci surpasse la fluidité, et si nous tenons
compte aussi de l'accroissement proportionnel des
modifications qui ont lieu à mesure que ces changements s'opèrent, nous arriverons sans doute — si
tant est que nous puissions former la moindre conception à ce sujet — très près de la matière rayonnante ; et comme dans le dernier changement nous
avions constaté la disparition d'un grand nombre de
qualités, dans le changement d'état qui nous occupe,
il en disparaîtra bien davantage. » Et dans une de ses
premières conférences, il disait encore : « Nous
commençons à présent à souhaiter avec la plus vive
impatience la découverte d'un nouvel état des élé-

ments chimiques. La décomposition des métaux, leur composition, la réalisation de l'idée jadis absurde de la transmutation : tels sont les problèmes que la chimie est maintenant appelée à résoudre. »

Mais Faraday fut toujours remarquable pour la hardiesse et l'originalité avec lesquelles il jugeait les théories généralement admises. Il disait en 1814 : « La théorie que la chimie physique a nécessairement adoptée au sujet des atomes est maintenant très vaste et très compliquée ; en premier lieu, une grande quantité d'atomes élémentaires, puis des atomes composés et complexes ; un tel enchaînement de systèmes, semblable au système des cieux étoilés, *peut être vrai... mais peut être absolument faux.* »

Un an après, Faraday étonna le monde par une découverte à laquelle il donna le titre de *la Magnétisation de la Lumière et l'Illumination des Lignes magnétiques de Force.* Pendant un demi-siècle, ce titre fut mal compris et fut attribué soit à l'enthousiasme, soit aux idées confuses du savant. Aujourd'hui seulement, nous commençons à découvrir toute la signification du rêve de Faraday.

En 1879, dans une conférence devant la British Association, à Sheffield, c'est à moi que revint l'honneur de faire revivre la *matière rayonnante.* J'émis l'hypothèse que dans les phénomènes qui se passent dans un tube où l'on a fait le vide, les particules qui constituent le courant cathodique ne sont ni solides, ni liquides, ni gazeuses, ne consistent pas en atomes se mouvant à travers le tube et produisant des phénomènes lumineux, mécaniques ou électriques, au point où ils frappent, « mais qu'ils consistent en quelque chose de beaucoup plus petit que l'atome — fragments de matière, corpuscules ultra-atomiques, choses infiniment ténues, bien moindres et bien plus légères que les atomes — et qui paraissent être la base même des atomes ».

Je démontrai en outre que les propriétés physiques de la matière rayonnante sont communes à toute matière, à cette basse densité. « Que le gaz soumis à cette expérience, soit à l'origine de l'hydrogène, du bioxyde de carbone ou de l'air atmosphérique, les phénomènes de phosphorescence, de déviation magnétique, etc., sont identiques. » Et voici les termes mêmes que j'employais il y a presque un quart de siècle : « *Nous sommes véritablement parvenus à une frontière où la matière et la force semblent se fondre l'une dans l'autre, royaume obscur s'étendant entre le connu et l'inconnu. J'ai lieu de croire que les plus grands problèmes scientifiques de l'avenir trouveront leur solution sur cette frontière, et même au delà ; c'est là, me semble-t-il, que sont les réalités dernières, subtiles, grosses de conséquences, merveilleuses.* »

Ce ne fut pas avant 1884 que J.-J. Thomson établit la base de la théorie électro-dynamique. Dans un article très remarquable qui parut dans *Philosophical Magazine*, il expliqua la phosphorescence du verre sous l'influence du courant cathodique par les changements presque soudains qui se produisaient dans le champ magnétique, par suite de l'arrêt brusque des particules cathodiques.

La théorie aujourd'hui généralement admise, d'après laquelle nos éléments chimiques sont formés d'une seule substance primordiale, fut soutenue par moi en 1888, lorsque j'étais président de la Chemical

Society, à propos d'une théorie de la genèse des éléments. Je parlai d'un nombre infini de particules ultimes, ou plutôt *ultimatissimes* « infiniment petites, naissant peu à peu par agrégat du *nuage informe*, et se mouvant avec une rapidité inconcevable dans toutes les directions ».

M'étendant sur quelques-unes des propriétés de ces éléments, je m'efforçai de montrer que les atomes élémentaires eux-mêmes avaient pu changer depuis le premier moment de leur génération, que les mouvements primaires qui constituent l'existence de l'atome pouvaient subir une modification lente et continue, et que même les mouvements secondaires qui produisent tous les effets que nous pouvons observer — caloriques, chimiques, électriques, etc. — pouvaient dans une certaine mesure subir des changements semblables ; et je montrai qu'il était probable que les atomes des éléments chimiques n'ont pas une existence éternelle, mais partagent avec le reste de la création les attributs de la décrépitude et de la mort.

La même idée fut développée dans une conférence que je fis à la Royal Institution en 1887, et dans laquelle j'émettais l'hypothèse que les poids atomiques n'étaient pas des quantités invariables.

Je pourrais citer M. Herbert Spencer, sir Benjamin Brodie, M. Graham, sir George Stokes, sir William Thomson (maintenant lord Kelvin), sir Norman Lockyer, M. Gladstone et bien d'autres savants anglais, pour montrer que la notion, non pas nécessairement de la décomposabilité, mais en tout cas de la complexité de ce qu'on appelle communément les éléments, est depuis longtemps *dans l'air* et qu'elle ne demande qu'à prendre plus de dé-

veloppement et de précision. Nos esprits s'accoutu-
ment peu à peu à l'idée de la genèse des éléments,
et un grand nombre d'entre nous s'efforcent d'arriver
enfin en vue de ce problème : la résolution de l'atome chimique. Nous brûlons tous de voir s'ouvrir
devant nous les portes de ce pays mystérieux, qu'on
s'empresse trop de désigner sous le nom d'*Inconnu*.

J'attire maintenant votre attention sur une autre
phase du rêve. J'arrive aux premiers soupçons de la
théorie électrique de la matière.

Je passe sur les théories de Faraday, qui man-
quent de précision, et aussi sur les théories de sir
William Thomson, pour mentionner un article de la
Fortnightly Review (juin 1875) dans lequel cette
théorie est à peu près pour la première fois énoncée
d'une façon précise. L'auteur en est W.-K. Clifford,
— un homme qui partage avec les autres pionniers *la
noble infortune d'être né avant son temps.* « Il y a
lieu de croire, dit Clifford, que tout atome matériel
porte sur lui un petit courant électrique, si même *il
ne consiste pas entièrement en ce courant.* »

En 1886, quand j'étais président de la section de
chimie de la British Association, dans une disser-
tation sur l'origine de la matière, je fis un tableau
de la formation graduelle des éléments chimiques par
suite de l'influence des trois formes d'énergie, —
l'électricité, les forces chimiques, la température, —
sur le *nuage informe*, protyle dans lequel se trouvait
toute la matière dans son état préatomique, potentiel
plutôt qu'actuel. D'après la théorie que j'exposais,
les éléments chimiques doivent leur stabilité à ce
fait qu'ils sont le résultat d'une lutte pour l'existence;
développement darwinien par évolution chimique,

survivance du plus stable. Ceux d'un poids atomique
inférieur se seraient formés les premiers, puis ceux
d'un poids intermédiaire, et finalement les éléments
ayant les poids atomiques les plus élevés, tels que le
thorium et l'uranium. Je parlai du *point de dissociation* des éléments : « Qu'est-ce qui vient après
l'uranium ? demandais-je. Et je répondais : « Le résultat de nos prochaines découvertes sera... la formation de... composés dont la dissociation ne dépassera
pas la puissance des sources terrestres de chaleur
dont nous disposons. » C'était là un rêve, il y a
moins de vingt ans ; mais un rêve qui chaque
jour tend à se réaliser d'une façon de plus en plus
complète. Je vous montrerai tout à l'heure que, en
réalité, le radium, qui vient après l'uranium, se
dissocie spontanément.

L'idée d'unités, ou atomes d'électricité, — idée
qui jusqu'alors flottait imperceptiblement dans l'air
comme l'hélium dans le Soleil; — peut maintenant
être soumise à l'épreuve de l'expérience. Faraday,
W. Weber, Lorentz, Gauss, Zœllner, Hertz, Helm-
holtz, Johnston Stoney, sir Oliver Lodge ont tous
contribué à développer l'idée, — originairement due
à Weber, — qui prit une forme concrète quand
Stoney montra que la loi de l'électrolyse de Faraday
impliquait l'existence d'une charge définie d'électricité
associée avec les *ions* de matière. *Cette charge
définie, il l'appela* ÉLECTRON. Ce ne fut que quelque
temps après que le nom fut donné qu'on trouva que
les électrons pouvaient exister séparément.

En 1891, dans le discours d'ouverture que je
prononçai en qualité de président de l'Institution des
ingénieurs électriciens, je montrai que le courant des

rayons cathodiques, près du pôle négatif, était toujours électrisé négativement, le reste du contenu du
tube étant électrisé positivement, et j'expliquai que
« la division de la molécule en groupes d'atomes
électro-positifs et électro-négatifs est nécessaire pour
avoir une explication satisfaisante de la genèse des
éléments ». Dans un tube où l'on a fait le vide, le pôle
négatif est l'entrée des électrons et le pôle positif
leur sortie. En tombant sur un corps phosphorescent,
l'yttria, par exemple, — réunion de résonateurs
Hertz moléculaires, — les électrons produisent environ 550 billions de vibrations à la seconde, produisant des ondes d'éther d'une longueur approximative
de 5,75 dix-millionièmes de millimètre, et donnant à
l'œil une sensation lumineuse de couleur citron. Si,
cependant, les électrons frappent contre un métal
pesant ou un autre corps non phosphorescent, ils
produisent des ondes d'éther d'une bien plus haute
fréquence que la lumière, et non plus des vibrations
continues, mais, suivant sir George Stokes, de simples
chocs qu'on pourrait comparer à des bruits discordants
plutôt qu'à des notes de musique.

Pendant cette conférence fut faite une expérience
tendant à montrer la dissociation de l'argent en électrons et en atomes positifs. Devant un pôle d'argent,
on mit une feuille de mica percée d'un trou au centre.
On fit le vide d'une façon à peu près complète, et,
quand les pôles furent mis en communication avec la
bobine, l'argent étant négatif, il en jaillit dans toutes
les directions des électrons qui, passant par l'orifice
de l'écran en mica, formèrent une brillante tache
phosphorescente sur le côté opposé de l'ampoule.
On continua à faire agir la bobine pendant quelques

9

heures pour volatiliser une certaine portion de l'argent. On vit l'argent se déposer sur l'écran de mica, uniquement dans le voisinage immédiat du pôle ; l'extrémité la plus éloignée de l'ampoule, qui pendant des heures avait été lumineuse par suite du choc des électrons, se trouvait sans la moindre trace de dépôt d'argent. Nous sommes donc ici en présence de deux actions simultanées. Les électrons, ou matière rayonnante, projetés du pôle négatif rendaient phosphorescent le verre contre lequel ils frappaient. Et en même temps, les ions d'argent, ayant un certain poids, libérés d'électrons négatifs, et sous l'influence de la force électrique, étaient semblablement projetés et se déposaient à l'état métallique près du pôle. Dans tous les cas, on a constaté dans les ions de métal ainsi déposés une électrisation positive.

De 1893 à 1895, une impulsion soudaine fut donnée aux travaux sur l'électricité dans le vide par la publication en Allemagne des résultats remarquables obtenus par Lenard et Rœntgen, qui montrèrent que les phénomènes constatés à l'intérieur du tube étaient loin de présenter l'intérêt de ceux qui se passaient à l'extérieur... On peut dire sans exagération qu'à partir de cette date ce qui jusqu'alors n'avait été qu'une hypothèse scientifique devint un fait, une réalité constatée.

Dès 1862, Faraday cherchait avec ardeur et persévérance à établir une relation visible entre le magnétisme et la lumière, relation qu'il avait entrevue en 1845. Mais les instruments dont il disposait n'étaient pas assez parfaits, et c'est seulement en 1896 que Zeemann montra qu'un champ magnétique

avait une certaine influence sur une ligne spectrale.
Une ligne spectrale est due au mouvement des électrons. Un champ magnétique résout ce mouvement
en d'autres mouvements consécutifs, les uns lents,
les autres rapides, et fait qu'une ligne simple se divise
en d'autres lignes de plus ou moins grande réfrangi-
bilité que la ligne primitive.

La connaissance théorique de ces phénomènes fit
un progrès important avec Dewar, qui succéda à
Faraday dans le laboratoire chimique de la Royal
Institution. Peu de temps après la découverte de
Rœntgen, Dewar trouva que l'opacité relative des
corps à l'égard des rayons Rœntgen était propor-
tionnelle au poids atomique de ces corps, et il fut le
premier à appliquer ce principe à la résolution d'une
question fort discutée ayant rapport à l'argon. L'argon est relativement plus opaque aux rayons Rœntgen
que l'oxygène, l'azote ou le sodium. De là Dewar
inféra que le poids atomique de l'argon était égal à
deux fois sa densité par rapport à l'hydrogène. A la
lumière des recherches faites aujourd'hui sur la constitution des atomes, on ne saurait trop insister sur
l'importance de cette découverte.

En 1896, le professeur Henri Becquerel, poursui-
vant les recherches magistrales faites par son illustre
père sur la phosphorescence, montra que les sels
d'uranium émettent constamment des émanations qui
ont la propriété de traverser des substances opaques,
d'influencer une plaque photographique dans l'obscurité complète et de décharger un électromètre. Dans
une certaine mesure, ces émanations justement connues sous le nom de *rayons Becquerel* se comportent
comme des rayons lumineux, mais elles ressemblent

aussi aux rayons Rœntgen. Leurs caractères réels n'ont été reconnus que récemment, et même maintenant il reste beaucoup de points obscurs et provisoires dans l'explication qu'on a donnée de leur constitution et de leur action.

Deux ans après les travaux de Becquerel, vinrent les brillantes recherches de M. et Mme Curie sur la radio-activité des corps qui accompagnent l'uranium.

Jusque-là nous n'avons vu que des exemples isolés de recherches scientifiques, présentant en apparence fort peu de rapports les uns avec les autres. L'existence de la matière dans un état ultra-gazeux; des particules matérielles moindres que les atomes; l'existence d'atomes électriques ou électrons; la constitution des rayons Rœntgen et leur passage à travers les corps opaques; les émanations de l'uranium; la dissociation des éléments : toutes ces hypothèses isolées convergent maintenant et se réunissent en une théorie harmonieuse par suite de la découverte du radium.

S'il n'est pas de découverte dont l'influence ne s'étende dans toutes les directions et qui n'explique un grand nombre de faits restés jusque-là obscurs, il n'en est certainement pas, dans les temps modernes, dont les conséquences s'étendent aussi loin et qui ait jeté un tel flot de lumière sur de vastes régions de phénomènes jusqu'alors inexpliqués, que la découverte de la radio-activité, faite par M. Henri Becquerel, découverte complétée et illustrée par celle du radium que firent M. et Mme Curie et M. Bémont. Patiemment, laborieusement, ils ont parcouru la route malaisée où d'autres qui, comme moi-même, avaient au cours de leurs recherches suivi des labyrinthes analogues n'avaient rencontré que des obstacles infranchissables. Le couronnement de tous ces travaux fut le radium.

Permettez-moi de vous retracer brièvement quelques-unes des propriétés du radium et de vous montrer comment il ramène à une forme concrète des hypothèses et des rêves qui échappaient en apparence à toute preuve.

Le radium est un métal de même groupe que le calcium, le strontium et le baryum. Son poids atomique est 225. Il occupe dans ce cas la troisième place au-dessous du baryum dans mon échelle des éléments, deux places vides s'interposant entre les deux métaux. Le spectre du radium a plusieurs lignes bien définies ; je les ai photographiées et j'en ai mesuré les longueurs d'ondes. Deux particulièrement sont caractéristiques : l'une d'une longueur d'onde de 3649,71, l'autre d'une longueur d'onde de 3814,58. Ces lignes permettent de découvrir le radium à l'aide du spectroscope.

Les radiations du radium font prendre au cristal une couleur violette et produisent une grande quantité de modifications chimiques. Leur action physiologique est très forte ; quelques milligrammes placés à proximité de la peau produisent en quelques heures une blessure difficile à guérir.

Le caractère le plus frappant du radium est sa propriété de verser des torrents de radiations, ayant une certaine ressemblance avec les rayons Rœntgen, mais en différant par certains points importants.

Les rayons du radium sont de trois sortes. Une première sorte est semblable au courant cathodique, maintenant identifié aux électrons libres — atomes d'électricité séparés de la matière et projetés dans l'espace — identiques *à la matière au quatrième état ou état ultra-gazeux*, aux *satellites* de Kelvin, aux *corpuscules* ou *particules* de Thomson ou, comme les appelle Lodge, à des *charges ioniques séparées des corps et conservant leur individualité et leur identité.*

Ces « électrons » ne sont ni des ondes d'éther ni une forme d'énergie ; mais des substances possédant l'inertie. Les électrons mis en liberté sont excessivement pénétrants. Ils déchargent un électroscope quand le radium est à la distance de 3 mètres et plus, et impressionnent une plaque photographique à travers 5 ou 6 millimètres de plomb et plusieurs centimètres de bois ou d'aluminium. Ils sont difficilement filtrés par le coton ; ils ne se comportent pas comme un gaz, c'est-à-dire qu'ils n'ont pas de propriétés dépendant d'intercollisions. Ils se comportent plutôt comme un brouillard ou une vapeur, sont mobiles et emportés par un courant d'air auquel ils donnent momentanément un pouvoir conducteur ; ils s'attachent aux corps électrisés positivement et, par là, perdent leur mobilité ; ils se diffusent sur les parois du vase qui les contient, si ce vase reste immobile.

Les électrons dévient dans un champ magnétique. Ils sont projetés du radium avec une vitesse égale à environ un dixième de celle de la lumière, mais leur course est à peu près ralentie par des collisions avec les atomes de l'air, si bien que quelques-uns se déplacent beaucoup plus lentement et constituent alors ce que j'ai appelé les particules isolées ou erratiques, qui se diffusent dans l'air et lui donnent momentanément les propriétés d'un milieu conducteur. Ils peuvent aussi se concentrer dans des cônes de mica et produire alors une lueur phosphorescente.

Une autre espèce d'émanations du radium n'est pas affectée par un champ magnétique d'une puissance ordinaire et ne peut traverser les obstacles matériels, même de très faible épaisseur. Ces émanations ont environ mille fois l'énergie de celles qui sont émises par les particules sensibles à l'influence magnétique. Elles rendent l'air bon conducteur et impressionnent fortement une plaque photographique. Leur masse est énorme en comparaison de celle des électrons, et leur vitesse est probablement aussi grande lorsqu'elles se séparent du radium, mais, par suite de leur masse, elles dévient moins sous l'action de l'aimant, sont facilement ralenties par les obstacles et sont plus tôt immobilisées par des collisions avec les atomes atmosphériques. R.-B. Strutt fut le premier à affirmer que ces rayons qui ne dévient pas sont les ions positifs qui découlent des corps radio-actifs.

Le professeur Rutherford a montré que ces émanations sont légèrement affectées dans un champ magnétique très puissant, mais dans une direction opposée à celle des électrons négatifs. Il est donc établi que ce sont des corps chargés d'électricité positive et se mouvant avec une grande vitesse. Pour la première fois, Rutherford a mesuré leur vitesse et leur masse, et il a montré que ce sont des ions de matière se déplaçant avec une vitesse analogue à celle de la lumière.

Le radium produit encore une troisième espèce d'émanations. Outre les rayons très pénétrants qui dévient sous l'influence de l'aimant, il y a des rayons très pénétrants, mais qui restent insensibles à l'action magnétique. Ces rayons accompagnent les deux autres sortes d'émanations et sont des rayons Rœntgen — des vibrations d'éther — phénomènes secondaires qui se produisent lorsque les électrons se trouvent soudainement arrêtés dans leur course par la matière solide et donnent lieu à une série de *pulsations* stokesiennes, autrement dit des ondes d'éther explosives projetées dans l'espace.

Toutes ces recherches tendant vers le même point nous apportent des données précises qui nous permettent de calculer les masses et les vitesses de ces différentes particules. Ce sont de gros chiffres que je vais avoir à vous énoncer, mais la grandeur et la petitesse ne sont que relatives et n'ont d'importance que par rapport aux limitations de nos sens. Je prendrai comme point de comparaison l'atome du gaz hydrogène, le corps matériel le plus petit qui ait été jusqu'à présent reconnu. La masse d'un électron est égale à la sept-centième partie de celle d'un atome d'hydrogène, soit 3×10^{-26} grammes suivant J.-J. Thomson, et sa vitesse 2×10^{10} centimètres par seconde, soit les deux tiers de celle de la lumière. L'énergie cinétique par milligramme est de 10^{17} ergs. Becquerel a calculé qu'un centimètre carré de surface radio-active ferait rayonner dans l'espace un gramme de matière en un billion d'années.

Les masses chargées d'électricité positive ou ions sont d'une grandeur énorme en comparaison de la grandeur de l'électron. Sir Oliver Lodge nous met sous les yeux cette comparaison d'une façon frappante. Si nous imaginons, dit-il, qu'un atome d'hydrogène soit de la grandeur d'une église de dimen-

sions ordinaires, les électrons qui la composent seront
représentés par environ 700 grains de sable ayant
chacun la grosseur d'un point (350 positifs et 350
négatifs), précipités à l'intérieur dans toutes les directions ou, suivant lord Kelvin, animés d'un mouvement de rotation d'une vitesse inouïe. Essayons une
autre comparaison : le diamètre du soleil est d'environ un million et demi de kilomètres et celui de la
plus petite planète d'environ 24 kilomètres. Si l'on
suppose un atome d'hydrogène égal au Soleil, un
électron sera à peu près égal aux deux tiers de la
petite planète.

L'extrême petitesse et l'extrême éparpillement des
électrons dans l'atome expliquent leur pouvoir pénétrant ; tandis que les ions plus massifs sont arrêtés
par des intercollisions en passant parmi les atomes,
au point d'être presque complètement arrêtés par la
plaque matérielle la plus mince, les électrons passent
à travers les corps opaques ordinaires presque sans
difficulté.

Ces émanations produisent sur des écrans phosphorescents des effets différents. Les électrons affectent
fortement un écran de platino-cyanure de baryum, et
seulement d'une façon très légère un écran de sulfure
de zinc de Sidot. D'autre part, les ions lourds, massifs,
insensibles à l'action de l'aimant, affectent l'écran de
sulfure de zinc très fortement et l'écran de platino-
cyanure de baryum d'une façon bien moindre.

Les rayons de Rœntgen et les électrons agissent
tous deux sur une plaque photographique et repro-
duisent l'image de métaux ou autres substances contenus dans des récipients en bois ou en cuir, et ils
projettent les ombres des corps sur un écran de plati-

no-cyanure de baryum. Les électrons sont beaucoup moins pénétrants que les rayons Rœntgen et ne révèlent que difficilement les os de la main, par exemple. La photographie d'instruments enfermés dans une boîte est prise par les émanations du radium en trois jours et par les rayons Rœntgen en trois minutes. Les photographies présentent de légères ressemblances et de très grandes différences.

La propriété qu'ont les émanations du radium de décharger les corps électrisés est due à l'*ionisation* du gaz à travers lequel elles passent. Ce phénomène se produit de bien d'autres façons; c'est ainsi qu'une légère ionisation des gaz est produite par de l'eau qui jaillit, par des flammes ou des corps chauffés au rouge, par de la lumière ultra-violette tombant sur des métaux chargés d'électricité négative; et qu'on a une très forte ionisation des mêmes gaz au moyen des rayons Rœntgen.

D'après la théorie électronique de la matière formulée par sir Oliver Lodge, un *atome chimique ou* ION a quelques électrons négatifs en plus de l'atome neutre ordinaire, et si l'on sépare ces électrons négatifs, l'atome devient par là chargé positivement. La partie libre électronique de l'atome est petite si on la compare à la masse principale. Elle est dans l'hydrogène dans la proportion de 1 à 700. La charge négative consiste en électrons surajoutés ou non équilibrés — un, deux, trois, etc., suivant l'équivalence chimique du corps, — tandis que la partie principale de l'atome consiste en groupes qui vont par paires, positifs et négatifs en proportions égales.

Aussitôt que les électrons en excès sont séparés, le reste de l'atome ou ion agit comme un corps mas-

sif chargé d'électricité positive. Dans le vide l'étincelle
d'induction sépare les parties constitutives d'un gaz
raréfié; les ions chargés d'électricité positive, ayant
comparativement une très grande densité, sont bientôt ralentis par les collisions, tandis que les électrons
sont chassés du pôle négatif avec une vitesse énorme
dépendant de la force électro-motrice initiale et de la
pression du gaz à l'intérieur du tube, mais approchant,
lorsque le vide est à peu près parfait, de la moitié de
la vitesse de la lumière.

Après avoir quitté le pôle négatif, les électrons
rencontrent une certaine résistance due, pour une
très petite part, à des collisions physiques, mais
principalement à leur réunion avec des ions positifs.

Depuis la découverte du radium et l'identification
d'une des trois sortes d'émanations qu'il produit avec
le courant cathodique ou matière rayonnante du tube
dans lequel on a fait le vide, le raisonnement et l'expérience ont marché de pair et la théorie électrique
des deux fluides cède peu à peu le pas à la théorie du
fluide unique originairement émise par Franklin.
D'après la théorie des deux fluides, les électrons
constituent l'électricité négative libre et le reste de
l'atome chimique est chargé d'électricité positive,
bien qu'on ne connaisse pas d'électron positif libre.
Il me semble plus simple d'avoir recours à la théorie
du fluide unique émise dès le principe par Franklin
et de dire que l'électron est l'atome ou l'unité d'électricité. Fleming emploie le mot *co-électrons* pour
désigner l'ion pesant et positif, après qu'il a été séparé
de l'électron négatif. « Nous ne pouvons pas plus,
dit-il, avoir quoi que ce soit qu'on puisse appeler électricité indépendamment des corpuscules, que nous ne

pouvons avoir de vitesse initiale indépendamment de la matière en mouvement. Un atome chimique qu'on dit chargé d'électricité négative est un atome qui a un excès d'électrons, — le nombre dépendant de l'équivalence, — tandis qu'un ion positif a une disette d'électrons. Les différences de charge électrique peuvent aussi être assimilées au débit et au crédit d'un livre de compte, les électrons jouant le rôle de monnaie courante. » C'est d'après cette théorie seulement que l'électron existe; c'est l'atome d'électricité, et les motifs *positif* ou *négatif* signifiant *excès* ou *manque* d'électrons sont employés seulement comme des termes commodes, mais appartenant à une nomenclature démodée.

La théorie des électrons s'accorde avec l'idée d'Ampère, d'après laquelle le magnétisme est dû à un courant d'électricité animé d'un mouvement de rotation autour de chaque atome de fer, et elle l'explique d'une façon lumineuse; en suivant ces vues très précises sur l'existence d'électrons libres, on arrive à la théorie électronique de la matière. On reconnaît que les électrons ont la seule propriété qui ait été regardée comme inséparable de la matière, je veux dire l'inertie. Or J.-J. Thomson, dans le mémoire remarquable qu'il publia en 1881, et dont j'ai déjà parlé, développait cette idée que l'inertie électrique (*self-induction*) est en réalité due à une charge en mouvement. L'électron apparaît donc seulement comme une masse apparente, en raison de ses propriétés électrodynamiques, et, si nous considérons toutes les formes de la matière comme de simples amas d'électrons, l'inertie de la matière serait expliquée sans l'intervention d'aucune base matérielle. En vertu de cette théorie, l'électron serait le protyle dont les différents groupements produisent la genèse des éléments.

J'ai encore à attirer votre attention sur une propriété du radium. J'ai montré que les électrons font émettre des lueurs phosphorescentes à un écran sensible de platino-cyanure de baryum et que les ions positifs du radium rendent phosphorescent un écran de blende de zinc.

Si quelques grains imperceptibles de sel de radium tombent sur l'écran de sulfure de zinc, la surface en est immédiatement parsemée de petits points brillants d'une lumière verte. Dans une chambre noire, sous un microscope, chaque point lumineux montre un centre obscur entouré d'un halo de lumière diffuse. En dehors du halo, la surface obscure de l'écran est sillonnée d'étincelles lumineuses. Il n'est pas deux étincelles qui se succèdent au même endroit, mais elles sont répandues sur toute la surface, paraissant et disparaissant instantanément, sans qu'on perçoive aucun mouvement de translation.

Si un morceau solide de sel de radium est placé à proximité de l'écran, si l'on examine la surface de l'écran avec une simple loupe de poche, on y observe çà et là quelques points lumineux, entourés d'étincelles. Si l'on rapproche le radium de l'écran, les scintillations deviennent plus nombreuses et plus brillantes, jusqu'à ce qu'en les rapprochant tout à fait on produise des étincelles qui se succèdent avec une telle rapidité que la surface de l'écran présente l'aspect d'une mer lumineuse en furie. Quand les points scintillants sont en petit nombre, il n'y a pas de phosphorescence résiduelle visible, et les étincelles successives présentent l'aspect d'atomes d'une lumière intense semblables aux étoiles éparses sur un ciel noir. Ce qui, à l'œil nu, semble une *voie lactée* uniforme, devient sous la loupe une multitude de points stellaires, répandant leur éclat sur toute la surface.

L'actinium et le platine radio-actif produisent un effet analogue sur l'écran, mais les scintillations sont moins nombreuses. Dans le vide, les scintillations sont aussi brillantes que dans l'air et, étant dues à un mouvement inter-atomique, elles ne sont pas affectées par des extrêmes de basse température; dans l'hydrogène liquide, elles sont aussi brillantes qu'à la température ordinaire.

Un moyen commode de montrer ces scintillations est de fixer l'écran de blende à l'extrémité d'un tube de laiton et de placer en face, à la distance d'à peu près un millimètre, un morceau de radium, tandis qu'à l'autre extrémité se trouve une loupe. J'ai nommé ce petit instrument *spinthariscope,* du mot grec σπινθαρίς, scintillation.

Il est difficile d'évaluer le nombre d'étincelles par seconde. Si l'on place le radium à la distance d'à peu près 5 centimètres de l'écran, les étincelles sont à peine visibles; il ne s'en produit pas plus d'une ou deux par seconde. A mesure que la distance du radium diminue, les étincelles deviennent plus fréquentes; jusqu'au moment où, à 1 ou 2 centimètres, elles sont trop nombreuses pour qu'on puisse les compter, bien qu'il soit évident que leur nombre n'est pas d'une grandeur inimaginable.

Pratiquement, toute la phosphorescence de l'écran de blende est causée par des émanations qui ne pénètrent pas le carton. Ce sont là les émanations qui causent les scintillations, et la raison pour laquelle elles sont distinctes sur la blende et faibles sur l'écran de platino-cyanure est qu'avec le dernier on voit les étincelles sur un fond lumineux généralement phosphorescent qui rend l'œil moins apte à la perception des scintillations.

Il est probable que, *dans ce phénomène, ce que nous voyons en réalité, c'est le bombardement de l'écran par les ions positifs précipités par le radium avec une vitesse analogue à celle de la lumière.*

Chaque particule n'est rendue visible que par la perturbation latérale énorme produite par son choc sur la surface sensible, exactement de la même façon que chaque goutte d'eau tombant sur la surface d'une eau tranquille n'est pas perçue en tant que goutte d'eau, mais en raison de la légère éclaboussure qu'elle cause au moment du choc, des rides et des vagues qui s'élargissent en cercles.

Si nous nous laissons aller à faire un usage scientifique de nos facultés imaginatives et à pousser l'hypothèse de la constitution électronique de la matière jusqu'à ce que je considère ses limites logiques, il se peut qu'en fait nous soyons témoins d'une dissociation spontanée du radium, — et nous commençons à mettre en doute la stabilité permanente de la matière. L'atome chimique peut, de ce fait, subir une transformation destructive; mais si lentement qu'en supposant qu'un million d'atomes s'échappent par seconde, le poids ne diminuerait guère que de 1 milligramme en un siècle...

On ne doit jamais oublier que les théories ne sont utiles qu'autant qu'elles permettent une harmonieuse corrélation des faits en un système rationnel. Dès qu'un fait refuse d'entrer dans le système et ne peut s'expliquer par la théorie, celle-ci doit disparaître ou se modifier pour admettre le fait nouveau. Le XIXe siècle a vu naître deux théories sur les atomes : l'électricité et l'éther. Notre théorie d'aujourd'hui sur la constitution de la matière peut nous paraître satisfaisante; mais qu'en sera-t-il à la fin du XXe siècle? N'apprenons-nous pas incessamment cette leçon que nos recherches n'ont qu'une valeur provisoire? Dans cent ans d'ici, accepterons-nous la résolution de l'univers matériel en un essaim d'électrons en mouvement?

Cette propriété fatale de la dissociation atomique nous apparaît comme universelle et agit toutes les fois que nous frottons un morceau de verre avec de la soie; elle poursuit son travail dans la lumière du Soleil comme dans la goutte d'eau, dans les éclats de la foudre et dans la flamme; elle règne au milieu des cataractes et des mers déchaînées, et, bien que l'étendue de l'expérience humaine soit bien trop courte pour nous fournir une parallaxe qui nous permette de calculer la date de l'extinction de la matière, la protyle, le *nuage informe*, peut, une fois de plus, régner en maître, et l'Horloge de l'Eternité aura achevé un de ses tours.

COMPLÉMENT

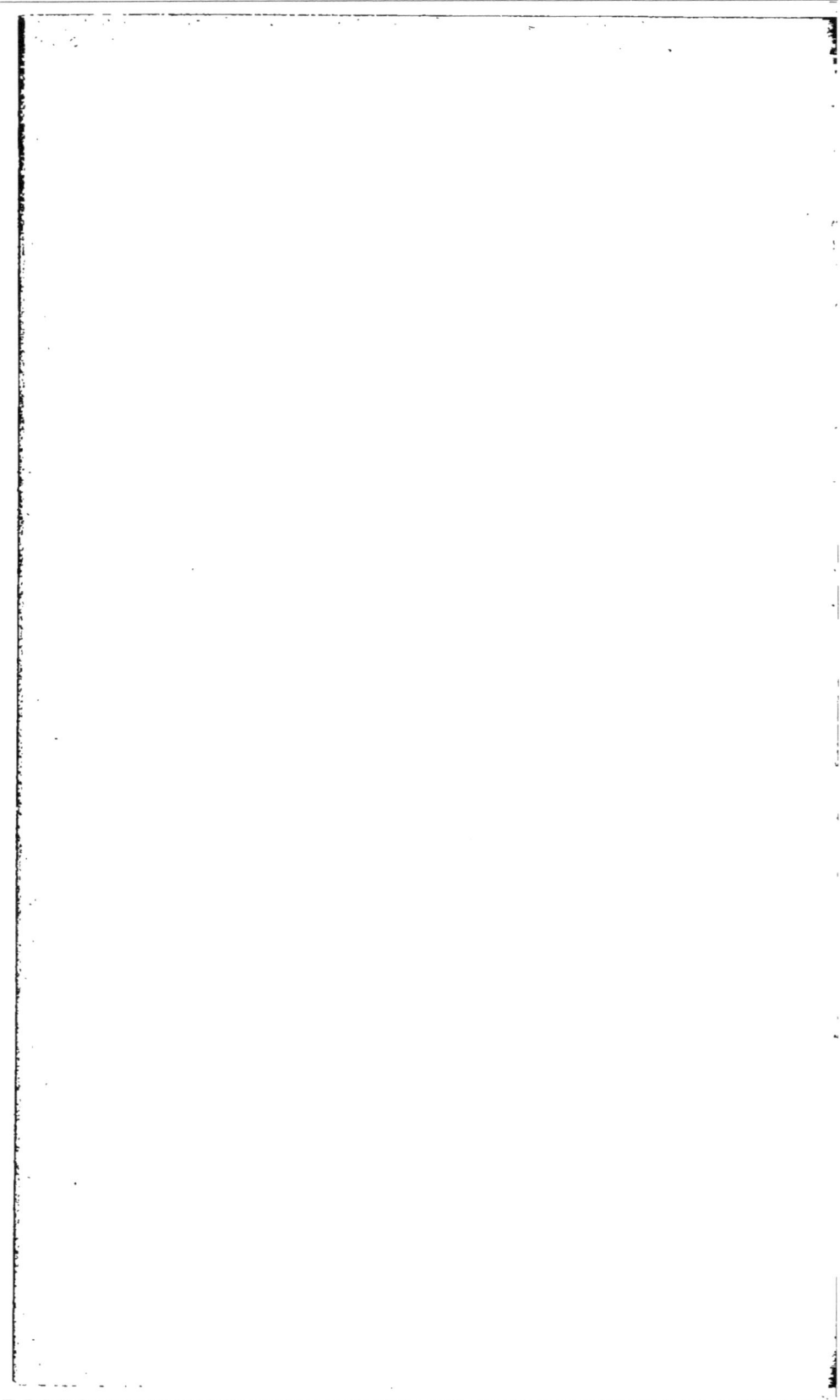

COMPLÉMENT

Nous avons réuni sous ce titre quelques renseignements d'un ordre plus technique qui pourront intéresser ceux de nos lecteurs qui possèdent des connaissances plus avancées en matière de sciences physiques; nous avons pensé ainsi leur être agréable en leur évitant des recherches longues dans des ouvrages très spéciaux ou dans des périodiques où se trouvent publiés ces renseignements.

Les pages ci-dessous sont rédigées pour la plupart d'après les notes et les mémoires de M. Becquerel, et de M. et Mme Curie.

I

L'URANIUM

LES MINERAIS

Il existe à Joachimsthal, en Bohème, un minéral appelé *pechblende* que l'on a cru pendant fort longtemps être un minerai de zinc, puis un minerai de tungstène.

En 1789, Klaproth fit de ce minéral une étude approfondie et reconnut qu'il renfermait un nouveau métal auquel il donna le nom d'*urane*.

Les plus illustres chimistes, au rang desquels il faut citer Berzélius et Richter, s'attachèrent à l'étude du corps nouveau découvert par Klaproth; mais c'est au savant français Péligot (1848) qu'était réservé l'honneur de démontrer que l'*urane* de Klaproth n'était qu'un oxyde et d'extraire de cet oxyde le métal lui-même, auquel il donna le nom d'*uranium*.

L'uranium est peu répandu dans la nature. Voici quels sont ses principaux minerais :

D'abord la *pechblende*, appelée aussi *péchurane*. Son gisement principal en Europe est en Autriche, à Joachimsthal; on la trouve également à Johann-Georgenstadt, en Saxe, et à Vale (Norvège).

Mais on trouve à Autun, en France, un minéral d'uranium : c'est l'*autunite* ou *uranite d'Autun*, qui est un phosphate double d'uranium et de chaux. On peut donc espérer trouver, en France même, des minéraux radifères, puisque, jusqu'à présent, c'est des minerais d'uranium que tous les sels connus de radium ont été extraits.

On trouvera d'autres composés minéraux de l'uranium : ce sont des phosphates, des arséniates ou des silicates complexes, dans lesquels l'uranium se trouve mélangé soit au cuivre, soit à la chaux, soit au bismuth.

Les lecteurs curieux de connaître en détail ces divers minerais en trouveront l'histoire dans les traités de minéralogie et pourront en voir des échantillons dans la magnifique collection minéralogique du Muséum d'histoire naturelle.

Pour donner une idée de la complexité des minéraux d'uranium, nous donnerons ici une analyse d'un échantillon de pechblende de Joachimsthal. Cette pechblende contient :

Oxyde d'uranium	75,10
Sulfate de plomb	4,90
Chaux	5,20
Silice	3,48
Magnésie	2,05
Soude	0,25
Protoxyde de fer	3,06
Protoxyde de manganèse	0,81
Acide carbonique	3,28
Eau	1,84
Sels de baryum	des traces
Total	99,97

Il faut ajouter à cela les sels de radium, qui font évidemment partie des trois centièmes manquant aux chiffres décimaux pour faire *cent* exactement. Dans beaucoup d'échantillons, on trouve des traces d'arsenic, de cuivre ou de bismuth.

EXTRACTION DE L'URANIUM

Pour extraire l'uranium de la pechblende, on commence par pulvériser le minéral à l'aide de pilons : c'est l'opération classique du *bocardage ;* on l'attaque alors par *l'eau régale* (mélange d'acide azotique et d'acide chlorhydrique), on évapore à sec et l'on reprend le résidu par l'eau. On a ainsi une dissolution dans laquelle on fait passer un courant prolongé de gaz sulfhydrique : ce gaz précipite le plomb, l'arsenic, le cuivre, le bismuth qui peuvent se trouver dans le minerai à l'état de sulfure insoluble. On décante le tout pour se débarrasser de ces sulfures.

On fait alors bouillir la solution restante : cette ébullition chasse l'excès de gaz acide sulfhydrique qui avait pu rester dissous dans l'eau. Cela fait, on y ajoute un excès d'acide azotique, qui, cédant son oxygène à l'uranium, a pour résultat de le suroxyder.

On ajoute ensuite de l'ammoniaque qui précipite à l'état solide l'oxyde d'uranium. L'oxyde est donc isolé, mais il est encore impur.

Pour le purifier, on met le précipité en digestion avec du carbonate d'ammoniaque qui dissout l'oxyde uranique; on fait bouillir le tout pendant longtemps et l'oxyde uranique se sépare. On calcine le dépôt dans un creuset et l'on a ainsi l'oxyde vert d'uranium.

PROCÉDÉ DE PÉLIGOT

Le chimiste français à qui l'on doit la découverte de l'*uranium*, en tant que métal nouveau, a beaucoup simplifié son extraction en utilisant la facile séparation de l'azotate d'urane à l'état cristallisé et la propriété qu'a l'éther de dissoudre ce sel. Voici comment il opère :

Après avoir pulvérisé le perchlorure, on l'attaque par l'acide azotique. On évapore la solution ainsi obtenue jusqu'à siccité complète, on la reprend par l'eau, qui laisse un résidu insoluble formé de sulfate de plomb, d'arséniate de fer et d'oxyde de fer, puis on filtre le liquide. Le liquide filtré prend une couleur jaune verdâtre et fournit, quand on le concentre, une masse confuse, imprégnée d'une eau noire sirupeuse ; on la fait égoutter et on la soumet à une nouvelle cristallisation.

On obtient alors des cristaux prismatiques, de forme allongée, qu'on fait égoutter et qu'on lave avec une petite quantité d'eau froide. Après avoir séché les cristaux, on les traite par l'éther. L'éther dissout l'azotate d'urane et l'abandonne, par évaporation, sous forme cristalline. Une dernière cristallisation dans l'eau chaude fournit ce sel tout à fait pur.

C'est de l'azotate d'urane que l'on extrait, par calcination, l'oxyde d'uranium ; ce sel peut, en outre, servir à préparer tous les autres composés de l'uranium.

PROPRIÉTÉS DES SELS D'URANIUM

L'uranium forme deux séries de sels : les sels *uraneux* qui correspondent au protoxyde d'uranium, et les sels *uraniques* ou d'*uranyle* qui correspondent à l'oxychlorure.

Les sels uraneux sont verts ; les sels uraniques sont jaunes et offrent à l'œil une magnifique fluorescence jaune vert. Si l'on introduit des sels uraniques dans la composition de certains verres, ceux-ci prennent la même fluorescence ; on les appelle des *verres d'urane*. Ce qu'il y a de remarquable, c'est que c'est Edmond Becquerel, le père de M. Henri Becquerel, qui a étudié, il y a fort longtemps, cette fluorescence des sels d'uranium, étude qui devait servir de point de départ à son fils pour découvrir, en 1896, la radio-activité de la matière.

PRÉPARATION DE L'URANIUM MÉTALLIQUE

C'est Péligot qui, comme nous l'avons dit, a le premier isolé l'uranium de son oxyde. Voici le procédé qu'il a employé à cet effet :

On mélange du potassium ou du sodium avec du chlorure uraneux ; on introduit rapidement 10 grammes de ce mélange dans un creuset de platine, dont on assujettit le couvercle avec des fils de fer, et on chauffe doucement, avec une simple lampe à alcool. Sous l'influence de cette faible chaleur, la réaction se manifeste brusquement et s'effectue avec une telle intensité que le creuset devient incandescent dans toute sa masse ; il s'est formé du chlorure de sodium ou de potassium et de l'uranium métallique.

Cette opération demande à être conduite prudemment, et il est bon, même, de mettre le creuset de platine, contenant le mélange, dans l'intérieur d'un autre plus grand, pour arrêter les éclats en cas de rupture dudit creuset. L'uranium ainsi obtenu est, partie en poudre noire, partie en petites plaques métalliques.

C'est un corps qui a la couleur du fer ou du nickel, mais qui jaunit vite à l'air ; il est dur ; cependant il est rayé par l'acier. Il est très lourd : sa densité est de 18 1/2. Il est donc, à volume égal, beaucoup plus lourd que le plomb, dont la densité est 11 1/2 et que le mercure, dont la densité est 13,6 ; il est presque aussi dense que l'or, qui a pour densité 19 (le platine, le plus lourd des métaux usuels, a, comme densité, 22).

Chauffé au rouge, il s'oxyde avec incandescence.

L'uranium pulvérulent brûle avec éclat au voisinage de 200 degrés et se transforme en oxyde vert.

Nous avons dit que non seulement ses sels étaient fluorescents, mais encore les grains de sa limaille amorphe possédaient la radio-activité, c'est-à-dire émettaient, sans déperdition apparente, chaleur, lumière, électricité; c'est désormais le point le plus intéressant de l'histoire de ce métal.

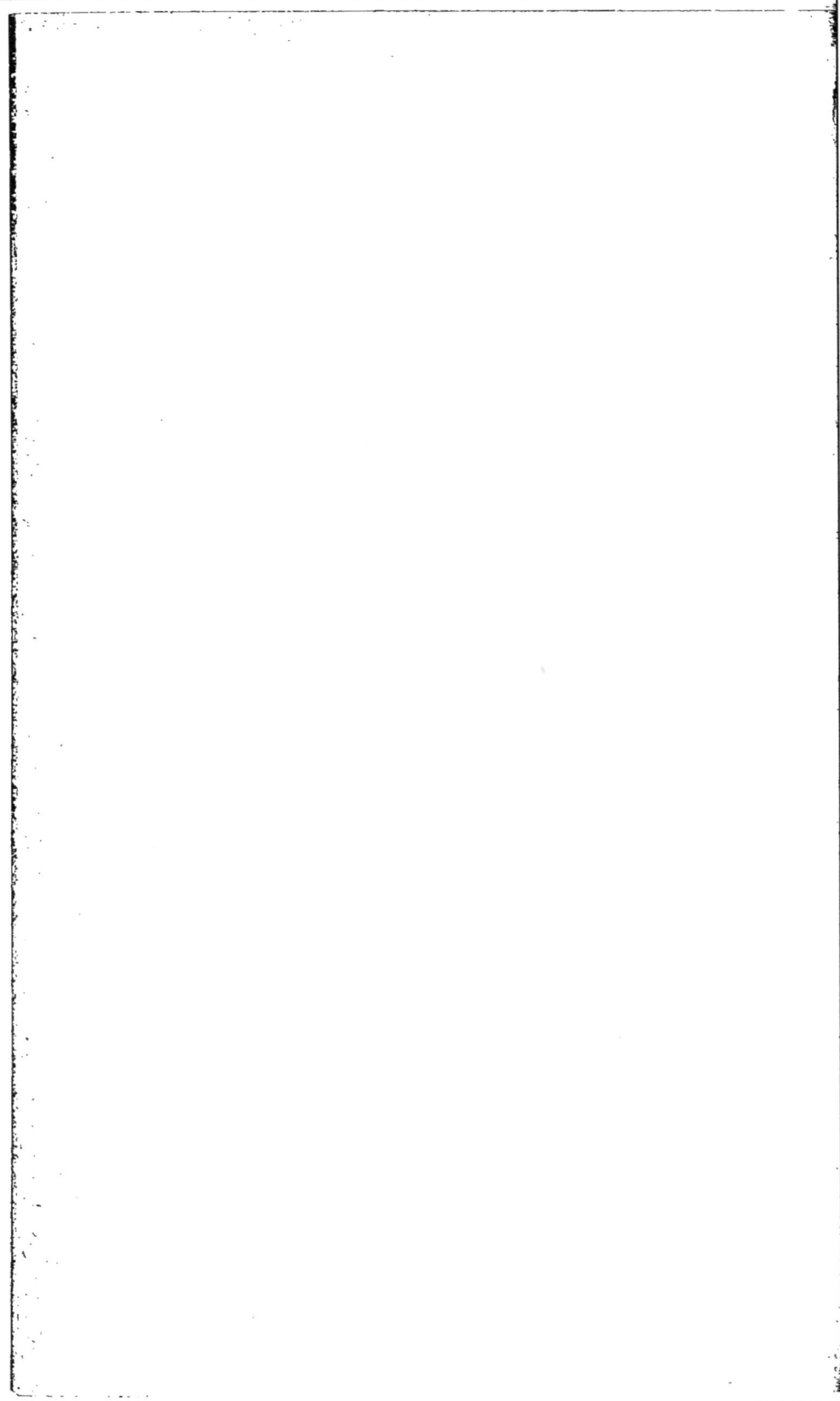

II

EXTRACTION DU RADIUM ET DE L'ACTINIUM

Maintenant que nous avons vu en quoi consistait le traitement de l'uranium, nous sommes mieux à même de comprendre la marche suivie par Mme Curie pour isoler le radium et par M. Debierne pour extraire l'actinium. Nous donnons ici les méthodes mêmes indiquées par Mme Curie, dans sa belle thèse de doctorat, pour isoler ces nouveaux corps radio-actifs :

La première partie de l'opération consiste à extraire des minerais d'urane le baryum radifère et les terres rares contenant l'actinium ; puis, quand ces premiers produits auront été obtenus, on cherchera, pour chacun d'eux, à isoler la substance radio-active nouvelle. Cette deuxième partie du traitement doit se faire par une méthode de fractionnement. Le radium est, en effet, chimiquement très voisin du baryum ; or il est toujours délicat, sinon difficile, de séparer des éléments très voisins ; aussi était-il naturel de recourir à la méthode de fractionnement, d'autant plus que non seulement on avait affaire à des éléments très voisins, mais encore se trouvant tous deux à des doses infinitésimales.

La pechblende est un minerai d'une assez grande valeur, aussi Mme Curie a-t-elle dû renoncer à en traiter de grandes quantités. Elle a pensé traiter uniquement le résidu insoluble dont nous avons parlé au chapitre précédent et que l'on rejette, la solution qui contient l'azotate d'urane ayant seule, jusqu'à présent, de la valeur au point de vue commercial. Ce résidu contient des substances radio-actives, et son activité est *quatre fois et demie* plus grande que celle de l'uranium métallique isolé.

Le gouvernement autrichien, auquel appartiennent les mines de Joachimsthal, a bien voulu envoyer, à titre gracieux, à Mme Curie, une tonne de ce résidu et a autorisé l'administration de la mine à lui en fournir plusieurs autres ; il a ainsi sa part, et cette part est des plus importantes, dans les encouragements dont les auteurs du radium n'ont cessé d'être l'objet depuis l'origine de leurs beaux travaux.

Il eût été assez difficile de faire le premier traitement du résidu, à l'usine, par le même procédé que dans un laboratoire. M. Debierne a étudié cette question d'une façon remarquable et c'est lui qui a organisé le traitement tel qu'on l'applique à l'usine.

Le point le plus important de la méthode de M. Debierne consiste à obtenir la transformation des sulfates en carbonates par l'ébullition de la matière avec une dissolution concentrée de carbonate de soude ; on évite ainsi l'opération de la fusion avec le carbonate de soude.

Le résidu du traitement de la pechblende contient principalement des sulfates de plomb et de chaux, de la silice, de l'alumine et de l'oxyde de fer ; mais, comme corps secondaires, on peut dire qu'on y rencontre presque tous les métaux ; en particulier, on y trouve, en quantité plus ou moins considérable : du cuivre, du bismuth, du zinc, du cobalt, du nickel, du manganèse, du vanadium, de l'antimoine, du baryum, de l'arsenic, des terres rares, etc. Le radium se trouve, dans ce complexe mélange, à l'état de sulfate le moins soluble de tous.

Pour le mettre en dissolution, il faut éliminer le plus possible l'acide sulfurique constitutif. A cet effet, on traite d'abord le résidu par une solution concentrée et bouillante de soude ordinaire ; l'acide sulfurique, combiné au plomb, à l'alumine, à la chaux, passe en presque totalité à l'état de sulfate de soude soluble dont on peut, dès lors, se débarrasser par des lavages à grande eau. La dissolution alcaline enlève en même temps du plomb, de la silice, de l'alumine.

La portion insoluble est ensuite lavée à l'eau, puis attaquée par l'acide chlorhydrique ordinaire. Cette opération désagrège complètement la matière et en dissout une grande partie. L'*actinium* se retire de cette opération ; pour cela, on fait passer dans la dissolution un courant d'acide sulfhydrique qui précipite le sulfure insoluble, que l'on élimine par décantation, et on suroxyde la dissolution restante par l'acide azotique, puis on précipite par l'ammoniaque ; tous les hydrates sont précipités, et c'est parmi ces hydrates qu'on trouve l'*actinium*.

Quant au *radium*, il reste dans la portion insoluble.

Cette portion est lavée à l'eau, puis traitée par une dissolution concentrée et bouillante de carbonate de soude ; les sulfates de baryum et de radium sont ainsi transformés en carbonates de radium et de baryum.

On lave alors la matière très complètement à l'eau, puis on l'attaque par l'acide chlorhydrique étendu, exempt d'acide sulfurique. La dissolution contient le radium et l'actinium. On la filtre et on la précipite par l'acide sulfurique. On obtient ainsi des sulfates bruts de baryum radifères, contenant aussi de la chaux, du plomb, du fer et un peu d'actinium ; il reste, d'ailleurs, également de l'actinium dans la dissolution.

Si l'on a mis en œuvre, au début, une tonne, c'est-à-dire 1.000 kilogrammes de résidus, on en retire de 10 à 20 kilogrammes de sulfates bruts dont l'activité est environ 45 fois plus grande que celle de l'uranium métallique. On procède alors à la purification de ces sulfates.

A cet effet, on les fait bouillir avec du carbonate de soude et on les transforme en chlorures. La dissolution est traitée par le gaz acide sulfhydrique qui donne un précipité de sulfures radio-actifs. On filtre la dissolution, on la suroxyde par l'action du chlore et on la précipite par de l'ammoniaque pure. Les oxydes et les hydrates qui se précipitent dans ces conditions sont très actifs et leur activité est due à l'*actinium*. La dissolution filtrée est précipitée par le carbonate de soude. Les carbonates de chaux et de baryte précipités sont lavés et transformés en chlorures.

Ces chlorures sont évaporés à sec et lavés avec de l'*acide chlorhydrique* pur et concentré. Ici se place la réaction caractéristique qui permet de séparer nettement le radium : *le chlorure de calcium se dissout presque entièrement, tandis que le chlorure de baryum radifère reste insoluble.* On obtient, par ce moyen, pour une tonne de résidus mise en œuvre, environ 8 kilogrammes de chlorure de baryum radifère dont l'activité est 60 fois plus grande que celle de l'uranium métallique. Ce chlorure est tout prêt pour le fractionnement.

EXTRACTION DU CHLORURE DE RADIUM PUR

A ce point de traitement, nous possédons du chlorure de baryum radifère, d'activité 60 (l'activité de l'uranium étant prise pour unité). Il s'agit d'en extraire le chlorure de radium pur.

Pour cela, on soumet le mélange des deux chlorures à une cristallisation fractionnée dans l'eau pure d'abord, dans l'eau additionnée d'acide chlorhydrique pur ensuite. On utilise ainsi la différence de solubilité des deux chlorures, celui de radium étant moins soluble que celui de baryum.

Au début du fractionnement, on emploie l'eau pure distillée. On dissout le chlorure et l'on amène la solution à être saturée à la température de l'ébullition, puis on laisse cristalliser par refroidissement dans une cuvette couverte. Il se forme alors de beaux cristaux sur le fond de la cuvette, et il est facile de décanter la solution qui surnage. Si l'on évapore à sec un échantillon de cette solution, on obtient un cristal cinq fois moins actif que les cristaux formés au fond de la cuvette. On a donc partagé, par cette cristallisation, le chlorure en deux portions A et B ; la portion A étant beaucoup plus active que la portion B. On recommence sur chacun des chlorures A et B les mêmes opérations, et l'on obtient, avec chacun d'eux, deux portions nouvelles. Quand la cristallisation est terminée, on réunit ensemble la fraction la moins active du chlorure A et la fraction la plus active du chlorure B, ces deux fractions ayant sensiblement la même activité. On se trouve alors avoir trois portions que l'on soumet au même traitement.

On ne laisse pas augmenter indéfiniment le nombre des portions. En effet, à mesure que le nombre des portions augmente, l'activité de la portion la plus soluble va en diminuant. Quand cette portion n'a plus qu'une activité insignifiante, on l'élimine du fractionnement. Quand on a obtenu le nombre de portions que l'on désire, on cesse aussi de fractionner la portion la moins soluble, qui est en même temps la plus riche en radium, et on l'élimine du fractionnement.

On opère avec un nombre constant de portions. Après chaque série d'opérations, la solution saturée provenant d'une portion est versée sur les cristaux provenant de la portion suivante ; mais si, après l'une des séries, on a éliminé la fraction la plus soluble, après la série suivante on fera, au contraire, une nouvelle portion avec la fraction la plus soluble, et l'on éliminera les cristaux qui constituent la portion la plus active. Par la succession alternée de ces deux modes opératoires, on obtient un mécanisme de fractionnement très régulier, dans lequel le nombre des portions et l'activité de chacune d'elles restent constants, chaque portion étant environ cinq fois plus active que la suivante. Dans ce procédé, on élimine d'un côté (à la queue) un produit à peu près inactif, tandis que l'on recueille de l'autre côté (à la tête) un chlorure enrichi en radium. La quantité de matière contenue dans les portions va, d'ailleurs, en diminuant et les portions successives contiennent d'autant moins de matière qu'elles sont plus actives.

On opérait, au début, avec six portions, et l'activité du chlorure éliminé à la queue n'était que le dixième de celle de l'uranium.

Quand on a, ainsi, éliminé en grande partie la matière inactive et que les portions sont devenues petites, on n'a plus intérêt à éliminer à une activité aussi faible : on supprime alors une portion à la queue du fractionnement et l'on ajoute, à la tête, une portion formée avec le chlorure actif précédemment recueilli. On continue à appliquer ce système jusqu'à ce que les cristaux de tête représentent du chlorure de radium *pur*. Si le fractionnement a été fait d'une façon très complète, il reste à peine de très petites quantités de tous les produits intermédiaires.

Quand le fractionnement est avancé et que, dans chaque portion, la quantité de matière est devenue faible, la séparation par cristallisation est moins efficace, le refroidissement étant trop rapide et le volume de la solution à décanter étant trop petit.

On a alors intérêt à additionner d'acide chlorhydrique l'eau d'une portion déterminée : cette portion devra aller en croissant, à mesure que le fractionnement avance.

L'avantage de cette addition consiste à augmenter la quantité de dissolution, la solubilité des chlorures étant moindre dans l'eau chlorhydrique que dans l'eau pure. De plus, le fractionnement est alors très efficace ; la différence entre les deux fractions provenant d'un même produit est considérable ; en employant de l'eau avec beaucoup d'acide, on a d'excellentes séparations et l'on peut opérer avec trois ou quatre portions seulement. On a tout avantage à employer ce procédé aussitôt que la quantité de matière est devenue assez faible pour que l'on puisse opérer ainsi sans inconvénients.

Les cristaux qui se déposent en solution très acide ont la forme d'aiguilles très allongées, qui ont absolument le même aspect pour le chlorure de baryum et pour le chlorure de radium. Les uns et les autres sont biréfringents pour la lumière. Les cristaux de chlorure de baryum radifère se déposent incolores, mais, quand la proportion de radium devient suffisante, ils prennent, après quelques heures, une coloration jaune, tirant sur l'orangé, et même parfois sur le rose. Cette coloration disparaît par la dissolution.

Les cristaux de chlorure de radium pur ne se colorent pas, ou, tout au moins, se colorent beaucoup moins rapidement : il résulte de là que la coloration semble une conséquence de la présence *simultanée* du baryum et du radium. Le maximum de coloration est obtenu pour une certaine valeur de la concentration en radium, et l'on peut, en se basant sur cette propriété, contrôler les progrès du fractionnement.

Tant que la portion la plus active se colore, cela veut dire qu'elle contient une quantité notable de baryum ; quand elle cesse de se colorer, mais que les portions suivantes se colorent, c'est que la première est sensiblement du chlorure de radium *pur*.

POIDS ATOMIQUE DU RADIUM

Ajoutons enfin que, par des déterminations d'une

grande délicatesse, Mme Curie a pu déterminer le poids atomique du radium : elle a trouvé un nombre égal à 225. Comme vérification, elle a employé la même méthode (à partir du chlorure) pour déterminer le poids atomique du baryum, que l'on connaît par ailleurs : elle a ainsi retrouvé le nombre connu, 138. C'était un témoignage de la perfection de ses expériences.

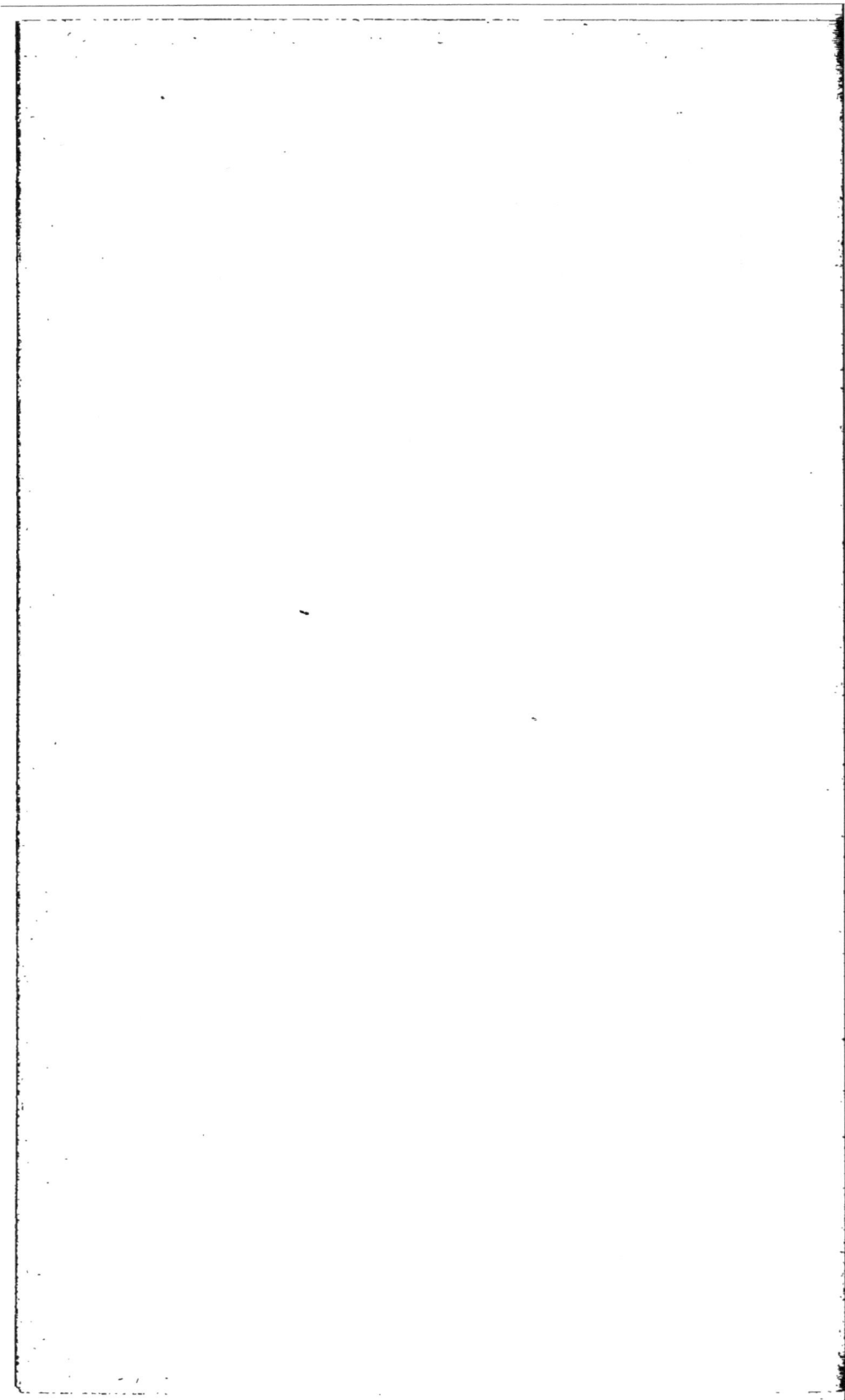

III

RAYONNEMENT SECONDAIRE DES CORPS FRAPPÉS
PAR LES RAYONS URANIQUES

Dès 1896, M. Becquerel remarqua un fait bien caractéristique dans le rayonnement émis par les sels
d'uranium.

Si l'on place sur une plaque photographique enveloppée de papier noir un fragment d'un sel d'ura-

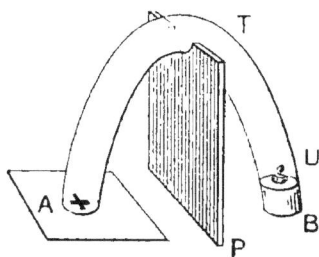

Fig. 12.
Rayonnement secondaire sous l'action des rayons Becquerel.

nium, recouvert d'une cloche de verre, on voit,
quand on développe la plaque, non seulement la trace
du sel d'uranium, mais encore celle de la base de la
cloche en verre.

M. Becquerel attribua d'abord cette particularité

à la réflexion successive des rayons uraniques sur les deux parois de la cloche de verre. Mais un examen plus attentif lui montra qu'il fallait attribuer le phénomène à un véritable *rayonnement secondaire*, émis par tous les corps frappés par les rayons uraniques.

L'expérience suivante est nettement caractéristique.

On prend (fig. 12) un tube de verre, en forme de V renversé, T ; ce tube renferme, à l'une de ses extrémités, un morceau d'uranium U ; l'autre extrémité débouche au-dessus d'une plaque photographique A, et sur laquelle on a placé une petite croix découpée dans une feuille de cuivre. Le tout est installé dans une chambre *absolument noire*. Un écran de plomb P empêche les rayons uraniques d'impressionner directement la plaque photographique A.

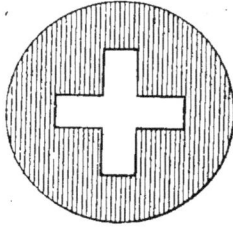

Fig. 13

Au bout de quelques jours, on développe la plaque et l'on observe une apparence représentée par la figure 13 : la croix se détache en clair sur le fond noir correspondant à l'ouverture A du tube. Comme, grâce à l'écran de plomb, l'hypothèse d'un rayonnement direct doit être écartée, on voit que ce fait ne peut s'expliquer qu'en supposant chaque point du verre devenu à son tour une source d'émission. C'est donc bien le *rayonnement secondaire*.

IV

QUELQUES ACTIONS CHIMIQUES PRODUITES PAR LE RAYONNEMENT DE L'URANIUM ET DU RADIUM

Les rayons de l'uranium et les rayons secondaires qu'ils provoquent réduisent les préparations photographiques de sels d'argent.

Ni le rayonnement de l'uranium, ni celui, plus intense, du radium n'ont donné d'action nette sur l'iodure d'argent des plaques daguerriennes, ni sur certains papiers photographiques, alors que ces plaques ou ces papiers sont sensibles à l'action plus ou moins prolongée de la lumière ordinaire.

Les composés radifères, non seulement produisent les actions chimiques que nous avons relatées dans la première partie de cet ouvrage, mais encore semblent s'altérer eux-mêmes, avec le temps, sous l'influence de leur propre radiation. Les cristaux de chlorure de baryum radifère, blancs au moment de la préparation, se colorent tantôt en jaune, tantôt en rose. Cette coloration disparaît par dissolution. Le chlorure dégage une odeur d'hypochlorite, le bromure dégage du brome.

On sait que toutes les réactions chimiques se partagent en deux classes : les réactions *exothermiques*, qui dégagent de la chaleur, et les réactions *endothermiques*, qui en absorbent.

Quand les actions chimiques provoquées par les corps radio-actifs sont *exothermiques*, c'est-à-dire quand elles ont lieu avec dégagement de chaleur, on peut se demander si le rayonnement a seulement servi d'excitant, l'énergie pouvant être empruntée à la réaction elle-même. Il n'en est plus ainsi quand la réaction est *endothermique*, c'est-à-dire a lieu avec absorption de chaleur ; dans ce cas, l'énergie mise en jeu doit être empruntée à la source radiante. M. et Mme Curie ont observé le premier exemple d'un effet endothermique dans la *formation de l'ozone* au voisinage du radium.

Berthelot avait entrepris une étude de quelques réactions endothermiques pouvant fournir une mesure de l'énergie qu'elles empruntaient au rayonnement. Il avait, en particulier, étudié la décomposition de l'acide iodique et de l'acide azotique monohydraté.

Un tube contenant du chlorure de baryum radifère, placé lui-même dans un second tube, donne des effets analogues à ceux de la lumière ; mais, lorsqu'on intercepte, au moyen d'un écran de papier noir, la lumière donnée par la source, on n'observe plus aucune décomposition. *C'était donc la lumière seule qui agissait dans le premier cas*, et l'énergie empruntée à la source n'était utilisée qu'après sa transformation en énergie lumineuse.

L'acide oxalique en présence de l'oxygène n'a rien donné sous l'influence du rayonnement non filtré par du papier noir.

M. Henri Becquerel a étudié quelques phénomènes exothermiques, c'est-à-dire produits avec dégagement de chaleur : il en a communiqué les résultats à l'Académie des sciences en novembre 1901.

D'abord, il a mis en présence de l'acide oxalique et du bichlorure de mercure (sublimé) : le rayonnement du radium provoqua, comme la lumière, la formation d'un précipité de calomel. L'expérience fut faite avec un petit tube de verre scellé contenant du chlorure de radium très actif, entouré d'une feuille mince d'aluminium et placé dans un autre petit tube scellé très mince. Ce tube était plongé, à l'abri de la lumière, dans une dissolution contenant environ $6^{gr},5$ de bichlorure de mercure et $12^{gr},5$ d'acide oxalique pour 100 grammes d'eau. On put alors constater, le long des parois du tube contenant le radium, la précipitation continuelle de matière, qui tombait au fond, mais dont la quantité a paru assez variable avec les conditions de l'expérience. Dans une opération, pour une surface rayonnante de 24 millimètres carrés, on a obtenu, en vingt-quatre heures, environ 2 milligrammes de précipité.

M. Becquerel a observé également la transformation du phosphore blanc en phosphore rouge, sous l'influence du rayonnement du radium.

L'expérience se fait simplement en fondant un peu de phosphore blanc au fond d'un tube plein d'eau et en plongeant dans l'eau le petit tube contenant du radium, de façon à atteindre la surface de phosphore fondu. En évitant l'action de la lumière, on voit, au bout de vingt-quatre heures, une quantité très appréciable de phosphore rouge dans le voisinage du tube radiant.

NATURE DES RAYONS ACTIFS DANS LES
RÉACTIONS CHIMIQUES

M. Becquerel s'est proposé de pousser son étude plus loin et d'analyser le phénomène précédent de manière à connaître, au moins en partie, la nature des rayons actifs.

A cet effet, dans une cuve plate en verre, dont une face était formée par une lame de mica très mince, on a coulé du phosphore blanc que l'on a recouvert d'une couche de glycérine. La cuve a été disposée verticalement contre l'une des armatures d'un aimant donnant un champ magnétique assez intense ; puis, à la partie supérieure, on a placé une source linéaire horizontale normale à la cuve et parallèle au champ magnétique. La matière active était du chlorure de radium enfermé dans un petit tube de verre mince, d'un millimètre de diamètre, et entouré d'une feuille mince d'aluminium battu, enroulée plusieurs fois autour du tube pour arrêter les rayons lumineux : deux fentes successives, distantes de 15 millimètres, pratiquées dans des lames de plomb et parallèles au tube, limitaient l'émission dans un plan parallèle à la direction du champ magnétique. Le radium avait été enfermé dans un tube scellé et placé au-dessus du phosphore, de façon à être préservé de toute inflammation accidentelle du phosphore pendant la durée, nécessairement longue, de l'expérience. La présence du tube de verre arrêtait les rayons α, ainsi qu'on a pu s'en assurer ultérieurement en substituant à la cuve de phosphore une plaque photographique.

Dans les conditions qui viennent d'être décrites, on a vu, *au bout de quelques semaines*, apparaître sur le phosphore blanc, une trace rouge montrant la transformation *effective sur la partie déviable de rayonnement*, trace superposable à l'impression obtenue sur une plaque photographique de comparaison. L'expérience a été arrêtée au bout de soixante jours. Maintenue à l'obscurité, la plaque de phosphore s'est conservée sans altération nouvelle et, au bout de plus d'une année, l'impression est aussi visible qu'à la fin de l'expérience.

Les rayons non déviables très pénétrants, dont l'impression n'apparait sur les plaques photographiques qu'au bout d'un à deux jours de pose, n'ont donné sur le phosphore aucune action appréciable. Les rayons secondaires émis par le plomb ont, au contraire, agi assez activement : on a vu que ces rayons étaient peu pénétrants et très absorbables.

Il est donc démontré par cette expérience que la partie déviable du rayonnement du radium, identique aux rayons cathodiques, transforme le phosphore blanc en phosphore rouge.

Il est probable que les rayons α seraient également très actifs pour opérer cette transformation ; mais la nécessité de préserver le radium contre un accident d'expérience a conduit à employer un tube de verre qui arrête ce dernier rayonnement.

TABLE DES MATIÈRES

COMPLÉMENT

ÉVREUX, IMPRIMERIE CH. HÉRISSEY ET FILS

www.ingramcontent.com/pod-product-compliance
Lightning Source LLC
Chambersburg PA
CBHW060605210326
41519CB00014B/3573